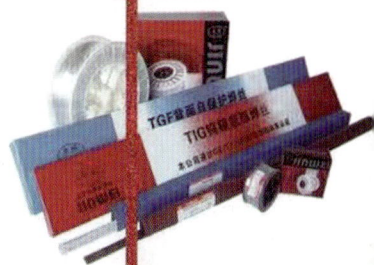

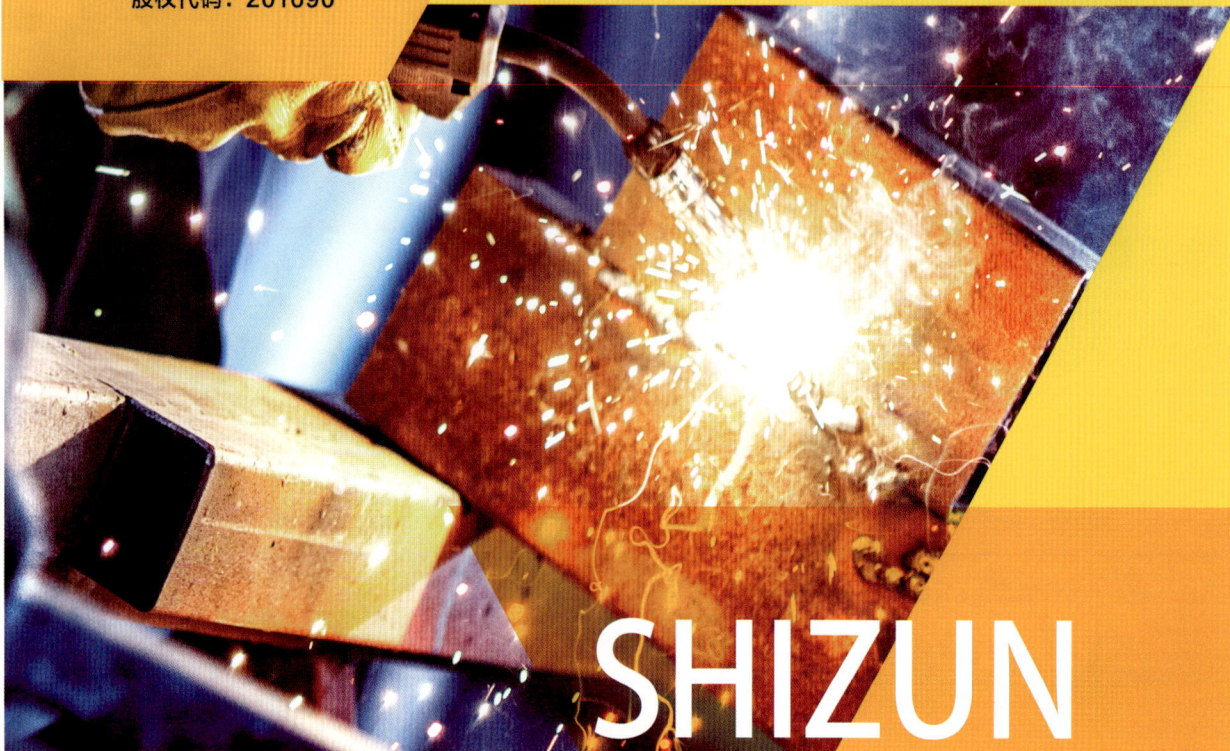

SHIZUN

国内焊材供应商
Welding Materials
in China

世尊焊材
股权代码：201690

📞 400-077-0079

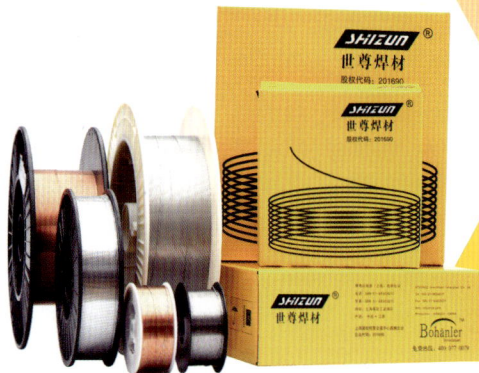

博焊乐投资（上海）有限公司
Bohanler Investment (Shanghai) Co.,Ltd

核电焊工技能操作标准化培训教程

主　编　王绍国　徐　锴
副主编　方乃文　张天理
　　　　吴东球　武昭妤

哈尔滨工程大学出版社
Harbin Engineering University Press

内 容 简 介

本书主要内容包括《核安全文化政策声明》、核安全文化、核电焊工品质以及常用的 13 个手工焊焊接教学实例等。其中《核安全文化政策声明》、核安全文化和核电焊工品质主要是以强化核电焊工对国家核安全政策的理解、提升核电焊工的核安全文化意识水平以及提高核电焊工职业素养为目的，焊接教学内容则以操作技能为主，焊接基础知识注重实用性，涵盖了目前生产应用中主要采用的手工焊焊接方法，介绍了焊条电弧焊、手工钨极惰性气体保护焊和药芯焊丝电弧焊等焊接方法的考试项目和培训练习。针对每个考试项目，以焊接工艺规程为主线，介绍了项目要点、常见焊接缺陷产生的原因及解决方法、焊前准备、操作方法、焊后检查等内容，力求表现出焊工培训工作中的共性和典型性。

本书适用于核电焊工的培训与考核，也可供核电焊接技术人员参考。

图书在版编目(CIP)数据

核电焊工技能操作标准化培训教程/王绍国，徐锴主编. —哈尔滨：哈尔滨工程大学出版社，2019.11
ISBN 978 – 7 – 5661 – 2523 – 1

Ⅰ. ①核… Ⅱ. ①王… ②徐… Ⅲ. ①核电厂 – 焊接工艺 – 技术培训 – 教材 Ⅳ. ①TM623

中国版本图书馆 CIP 数据核字(2019)第 249062 号

选题策划 石 岭
责任编辑 王俊一 宗盼盼
封面设计 张 骏

出版发行 哈尔滨工程大学出版社
社 址 哈尔滨市南岗区南通大街 145 号
邮政编码 150001
发行电话 0451 – 82519328
传 真 0451 – 82519699
经 销 新华书店
印 刷 哈尔滨市石桥印务有限公司
开 本 787 mm×1 092 mm 1/16
印 张 12.25
插 页 2
字 数 325 千字
版 次 2019 年 11 月第 1 版
印 次 2019 年 11 月第 1 次印刷
定 价 39.80 元
http://www.hrbeupress.com
E-mail:heupress@ hrbeu.edu.cn

前　言

　　本书是核电焊接人员培训教材之一,旨在使核电焊工培训、考试、资格认证工作与国家核安全局 HAF603、国际 RCC－M 及 ASME 标准接轨。同时,编者希望借由此书,实现核电焊工培训工作的标准化、科学化、规范化,提高核电焊工技术素质,培养核电大国工匠,铸造国之核电重器。

　　本书由东方电气(广州)重型机器有限公司王绍国与哈尔滨焊接研究院有限公司徐锴担任主编,由哈尔滨焊接研究院有限公司方乃文、上海工程技术大学张天理、东方电气(广州)重型机器有限公司吴东球与成都工业职业技术学院武昭妤担任副主编。全书由重庆川仪自动化股份有限公司康文捷担任主审,由黑龙江工程学院王佳杰与重庆科技学院尹立孟担任副主审。本书第一章、第二章、第三章由东方电气(广州)重型机器有限公司吴新丽、田小波,博焊乐投资(上海)有限公司夏敏及河北创力机电科技有限公司李旭、刘晓萍负责编写;第四章由天津市特种设备检验技术研究院马青军,北京金威焊材有限公司王士山、李伟,福建省特种设备检验研究院孙明辉,中船黄埔文冲船舶有限公司邵丹丹、张继军负责编写;第五章由余姚市展欣汽车部件有限公司陈建凯,哈尔滨焊接研究院有限公司戴红、贾志新,东方电气(广州)重型机器有限公司郭时玲、张丹萍、何冰、邬长利,南方风机股份有限公司邓尚扬、甘瑞霞负责编写;第六章由大连腾起设备有限公司王帅林,东方电气(广州)重型机器有限公司罗红、汤帅,四川三洲川化机核能设备制造有限公司王凯负责编写。

　　本书结合了编者多年来的核电焊工培训与考试工作经验,各章、节自成独立部分,读者可根据具体需要自由选择培训内容。本书文字简明扼要,内容实用,图文并茂,通俗易懂,主要用于核电焊工培训与考核,也可供核电焊接工作者参考。

　　由于编者经验和水平有限,书中难免存在缺点和错误之处,恳请广大读者批评指正,以帮助编者今后修改和完善。

编　者

2019 年 8 月

目　　录

第一章 《核安全文化政策声明》

一、《核安全文化政策声明》的目的

为落实"理性、协调、并进"的中国核安全观和总体国家安全战略,履行大国核安全责任,适应我国当前核事业发展形势下确保核安全的要求,学习借鉴国际社会在核能发展过程中获取的经验,吸取重大核事故的教训,培育和发展核安全文化,促进我国核安全水平进一步提升,推动在国际范围内维持高水平的核安全,国家核安全局、国家能源局、国家国防科技工业局联合发布《核安全文化政策声明》。

《核安全文化政策声明》旨在阐明国家核安全局对核安全文化的基本态度与核安全文化培训和实践应遵循的原则与要求。核能与核技术利用单位应共同遵守和践行本声明中表达的核安全文化政策,强化法治意识、责任意识、诚信意识、忧患意识,形成敬畏核安全、守护核安全、珍惜核安全的文化氛围。

国家核安全局自身也将巩固并不断完善核安全监管机制,构建和持续强化与核安全文化相一致的管理理念,同时倡导在全社会广泛普及核安全知识、传播核安全文化,培育全民核安全文化意识,提高全民核安全文化素养。

二、核安全与核安全文化

核安全是在核设施和核活动中,采取所有合理可行的技术和管理措施,保护工作人员、公众和环境免受过量的放射性危害。为了保障核安全,必须强化安全管理与质量保证体系,倡导和培育核安全文化。核安全文化是核能、核技术利用相关组织与个人对核安全所共享的价值观、态度和行为规范的统一体。具备核安全文化是组织和个人在核相关实践活动中确保安全的前提和基础,是思想意识层面的安全保障。核安全文化的核心要义是在人类所有与核相关的实践活动中,体现"安全第一"的原则。核安全文化在各个环节的贯彻和落实体现了核安全"纵深防御"的重要原则。

核安全文化是中国三十年核安全监管成功经验的总结,是"理性、协调、并进"的中国核安全观在意识层面的体现,即发展和安全并重,坚持以安全为前提发展核能与核技术利用事业;权利和义务并重,寻求以各国权益平等为基础推荐国际核安全进程;自主和协作并重,推动以互利共赢为途径寻求普遍核安全;治标和治本并重,强调以消除根源为目标全面推进核安全。核安全文化具体体现为坚持"预防为主,纵深防御;新老并重,防治结合;依靠科技,持续改进;坚持法治,严格监管;公开透明,协调发展"的原则。

国家核安全局作为我国独立的核安全监管机构,坚持依法行政,严格安全监管,确保政府监管的独立、权威和有效;同时督促核能与核技术利用企业和从业人员树立知责任、负责任的责任意识,培养主人翁精神;强调核安全人人有责,人人都是一道安全屏障;同时,通过信息公开、公众参与、科普宣传等公众沟通形式,确保公众的知情权、参与权和监督权。

三、核安全文化培育与实践

加强核安全文化培育与实践是依法从严加强核与辐射安全监管的要求,是提升核行业总体核安全水平的要求。

（一）核安全文化培育与实践的总体要求

核安全文化培育与实践的总体要求是:充分考虑组织内外部环境和文化特征,建立一套包括质量保证体系和经验反馈在内的完善规章制度并认真贯彻和落实;加强教育和培训,培养工作人员具有"认真、严谨、质疑、保守"的理念、态度和作风;规范全体员工的安全行为,实现在核安全监管要求基础上的安全自我约束和持续改进。

（二）核安全文化培育与实践的主要内容

核安全文化内涵丰富、涉及面广。核安全文化培育与实践的主要内容至少包括:

1. 领导层的承诺和表率作用

最高管理者确立组织远景和使命,分配职责和授权,制定政策和管理要求,并在决策、资源分配等过程中始终体现安全第一的原则,处处做出表率。

2. 全员参与的责任意识

全员树立对核安全责任的正确理解和明确认识,履行职责,严格执行各项安全规定,养成一丝不苟的良好工作习惯,具备时时处处寻求一切机会改善安全水平的创优精神。

3. 培育学习型组织

加强培训提升员工个人素养,重视专业技能、严谨和质疑的态度及作风、团队协作精神、持续改进并自我超越意识的培养,形成持续学习和不断进取的精神,通过培训、自我评估、纠正行动和对标,激励全员不断学习和提高业绩。

4. 全面有效的管理体系

综合考虑组织的政策、结构、资源、基础设施,以及工作过程、评价与持续改进等要素,并明确任何计划、进度、成本等方面的考虑不能超越对安全的要求。

5. 良好的工作环境

员工的工作时间与劳动强度适合;基础设施和硬件条件不断改善;报酬和激励机制得到认同;员工职业发展通道公开透明;组织内部相互尊重、高度信任;团队合作得到鼓励和支持;解决冲突和矛盾客观公正。

6. 高效的经验反馈体系

高度重视事件分析和经验反馈系统的作用,建立系统化的经验反馈体系。通过经验反馈,提高各层级员工的安全素养和履职能力,促进安全业绩的有效提升,注重人因失误的预防。

7. 主动发现并及时报告安全问题的氛围

形成全员参与的激励机制,员工自由地反映和报告安全相关问题,而不会担心受到打击报复、威胁或歧视。管理者鼓励员工积极报告潜在问题和未遂事件,及时加以回应,采取合理的措施加以解决。

8. 良好的公共关系

领导层心态开放,善于并乐于倾听各种不同的声音,认真考虑、合理对待利益相关者的各项需求,以坦诚、开放的态度与外界沟通,保持与社区、公众的良好互动。

（三）核安全文化培育与实践的主要措施

为强化以上提到的核安全文化内容,相关单位应从以下方面着手落实核安全文化的核心理念,并加强实践和执行。

政府部门要加强政策引导,制定有利于核安全文化培育的相关政策,加大贯彻实施力度,引导建立正确的核安全文化观;加强核安全监督检查,杜绝恶意违规,杜绝以各种名义或借口出现的欺骗或违章行为,坚持按程序办事,以此要求全体人员坚守安全底线。

核能与核技术利用单位要做出承诺,明确核安全文化在企业文化中的重要意义和作用;构建企业自身的核安全保障机构,以机制保证安全;加大资源投入力度,开展培训,表彰先进。

从业人员要对自身严格要求,建立对安全要求的正确理解,养成一丝不苟的良好工作习惯,提升个人的核安全文化素养。

四、核安全文化的评价与改进

核安全文化的培育是一个长期的持续改进过程,应持续不断开展评价和改进。核能与核技术利用单位应当制定切实可行的核安全文化建设规划,并把它作为常设的工作任务加以推进;定期对本单位的核安全文化建设状况、工作进展及安全绩效进行全面审核,及时纠正可能存在的偏差,并适时提出新的更高的要求,不断把核安全文化水平引向新高度。

推行同行评估,鼓励开展核安全文化培育和实践的第三方评估活动,及时识别核安全文化建设方面存在的弱项和问题,并采取相应的纠正和改进措施。

国家核安全局将适时制定企业核安全文化建设导则和评价导则,开展对相关企业核安全文化建设的指导和评估。国家核安全局将积极倡导推进核安全文化提升的各种行为、价值观、基本理念和经验成果,确保核安全文化成为核事业从业人员的职业信仰。

第二章　核安全文化

一、核安全

核安全是核能与核技术利用事业发展的生命线，是国家安全的重要组成部分。中国始终坚持在确保安全的前提下发展核能与核技术。

什么是安全？以下给出三个定义：

第一个定义：当一件事情带给我们的利益足够大，而其代价可承受的话，我们则认为其是安全的。

第二个定义：安全是利益和代价的平衡，没有一件事情只有利没有弊。

第三个定义：安全是可接受的风险。

什么是核安全？核安全是指对核设施、核活动、核材料和放射性物质采取必要和充分的监控、保护、预防和缓解等安全措施，防止由于任何技术原因、人为原因或自然灾害造成事故发生，并最大限度减少事故情况下的放射性后果，从而保护工作人员、公众和环境免受不当辐射危害。

图2-1为核设备现场安装图，图2-2为核岛全貌图。

图2-1　核设备现场安装图

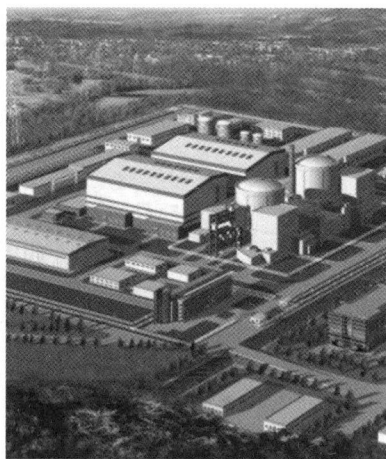

图2-2　核岛全貌图

二、触目惊心的核事故

（一）1979年美国三哩岛核事故

1979年3月28日，美国宾夕法尼亚州三哩岛核电站2号机组由于控制人员操作不当，部分堆芯熔化，机组永久关闭。事故发生后，全美震惊，各大城市的群众纷纷举行集会示威,要求停建或关闭核电站。这次事故引发公众对核电的恐惧,给世界核电的发展带来了破坏性的影响。该事故级别被定义为国际核事件5级。

图2-3为三哩岛核电站2号机组核设施图,图2-4为核泄漏后公众对核电的反应。

图2-3 三哩岛核电站2号机组核设施图

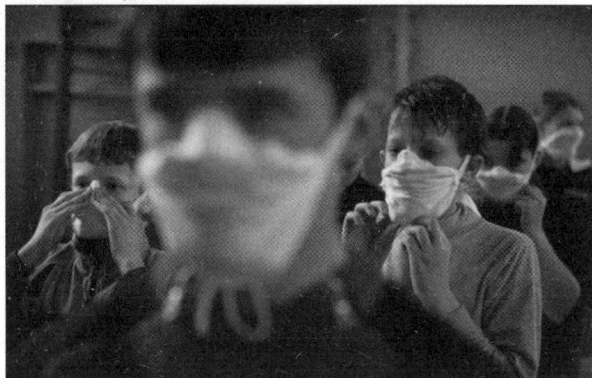

图2-4 核泄漏后公众对核电的反应

(二)1986年苏联切尔诺贝利核事故

1986年4月26日,苏联切尔诺贝利核电站发生了世界上最严重的核事故,四号机组反应堆发生猛烈爆炸,大量放射性物质向环境中喷射,持续了整整10天,30多位工作人员死亡,30多万人从核电站周围撤离,300多万人不同程度地受到核辐射的伤害。切尔诺贝利城因此被废弃,经济损失约两千亿美元。该事故级别被定义为国际核事件7级。

图2-5为苏联切尔诺贝利核电站事故图。

图2-5 苏联切尔诺贝利核电站事故图

(三)2011年日本福岛核事故

2011年3月11日,受地震影响,日本福岛核电站损毁极为严重,大量放射性物质泄漏,十几万人撤离家园,附近海域被严重污染,该事故级别被定义为国际核事件7级。尽管已经过去多年,但其带来的后果仍在发酵和持续。福岛核事故发生后,世界核电发展受阻,各国对核安全重新审视。

图2-6为日本福岛核电站损毁图。

图 2-6 日本福岛核电站损毁图

三、核安全文化

什么是核安全文化？核安全文化是指各有关组织和个人以"安全第一"为根本方针，以维护公众健康和环境安全为最终目标，达成共识并付诸实践的价值观、行为准则和特性的总和。个人层面：能够遵守法律规章和最安全要求；机构层面：能使管理、程序、态度等各方面严格符合核安全要求。

（一）践行核安全文化——做到"四个凡事"

践行核安全文化——要做到"四个凡事"：凡事有章可循，凡事有据可查，凡事有人负责，凡事有人监督。

（二）践行核安全文化——践行"严慎细实"

践行核安全文化——要践行"严慎细实"核安全文化理念的基本要求：严之又严，慎之又慎，细之又细，实之又实。

图 2-7 为对"严慎细实"的具体理解。

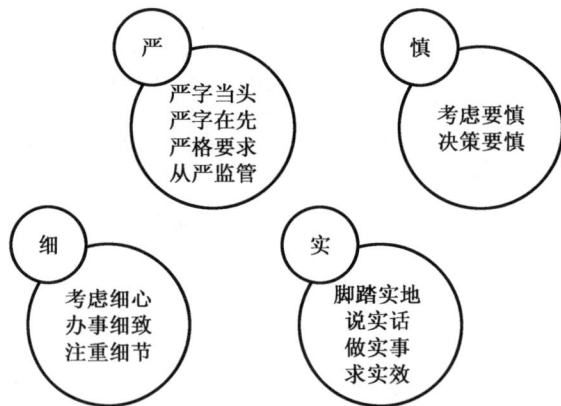

图 2-7 对"严慎细实"的具体理解

（三）践行核安全文化——坚持"安全第一、质量第一"

践行核安全文化——坚持"安全第一、质量第一"的核安全理念，不断强化法治意识、责任意识、风险意识和诚信意识，营造敬畏核安全、守护核安全、珍惜核安全的文化氛围。

（四）践行核安全文化——工作态度、工作方法、工作习惯

践行核安全文化——质疑的工作态度，严谨的工作方法，相互沟通的工作习惯。

1. 质疑的工作态度

质疑态度的形成基于这样的理解：事故往往来自能反映组织的假设、价值和信念缺陷的一系列决策和行动。员工要对一些熟悉的、司空见惯的现象和事情保持足够的警惕，切忌在环境发生变化时仍墨守成规，基于自己以往的经验或机械地遵循某些原则来处理问题，一定要具体问题具体分析。

在开始任何一项与核安全有关的工作之前，无论对这项工作的内容熟悉与否，出于个人的质疑态度，应该对自己提出如下一些问题：

（1）我了解要做的工作任务吗？

（2）我清楚自己的责任吗？

（3）其他人的职责是什么？

（4）我具备完成这项任务的技能吗？

（5）我是否需要别人的帮助？

（6）工作过程中有什么特殊情况需要注意？

（7）在工作过程中可能会出什么错？

（8）怎么避免出错？

（9）如果出现失误会造成什么后果？

（10）万一出现失误，我该怎么办？

经过对这些问题的冷静思考，员工对面临的工作就有了整体把握，做起事来就会事半功倍，并且出现失误的概率也会大大降低。在日常工作当中，每位员工都应该有"八不做"的安全工作作风：不熟悉不做、不安全不做、没把握不做、没安全设施不做、头脑不冷静不做、健康状况不好不做、违章指挥不做、违章作业不做。

2. 严谨的工作方法

严谨的工作方法首先体现在员工的工作方式和态度上，是工作作风的体现。员工要时刻保持一种"安全第一"的心态，内心绷紧这根弦；要有发自内心的积极探索、谦虚谨慎的态度，以及不断追求自我完善和卓越业绩的品格；要严格执行规章制度、操作规程，把每一项工作做细、做好、做精；要有高度的警惕性、丰富的知识、正确的判断和高度的责任感来履行安全职责。

工作中，一定要小心谨慎，勤于思考，三思而后行，这样才会少犯错误。不要急于求成，莽撞只会导致失败。每一颗螺钉都要亲自拧紧，每一个角落都要仔细盘查，防微杜渐。"千里之堤，溃于蚁穴"，员工必须明白"100 − 1 = 0"的寓意，任何一个小小的疏忽，任何对细节关注的不足、不严谨，就算其他地方做得再漂亮，也可能导致安全事故，使所做的工作等于0，并且还可能造成严重的后果。

对于一些全新的、与对安全有着重要关系的工作任务，更要小心谨慎，必要时可以有针对性地形成书面程序或记录，有据可循，从而把安全风险降到最低。其他员工遇到类似的事情，也有一个参考的依据。

工作作风上，按如下十条要求执行：

（1）看懂和理解工作程序；

（2）按程序办事；

（3）对意外情况保持警惕；

（4）出现问题时停下来思考；

（5）必要时请求别人帮助；

（6）追求有序、按时、整洁和有条理；

（7）谨慎小心地工作；

（8）不走捷径；

（9）不贪图省事；

（10）做好工作记录。

3. 相互沟通的工作习惯

沟通不应该局限在技术层面上的交流，而应是一种没有限制的心与心的交流。只要有利于工作的开展，这样的沟通就是有益的。沟通可以使错综复杂变得条理简单，可以使山穷水尽变得柳暗花明，可以使一潭死水变得生机勃勃。沟通的工作习惯有助于大家相互了解，有助于工作效率的提高，有助于团队目标的实现。同时，良好的沟通是建立和谐企业的捷径，是企业文化建立的无形平台，是企业从一个胜利走向下一个胜利的推进器。

他山之石，可以攻玉。当我们的工作出现问题时，可以找合适的人沟通学习；当别人出现问题时，我们也可以提出自己的想法，帮别人拓展思路。除此之外，当出现异常情况时，我们一定要按要求与上级及时沟通，汇报工作，听取指示并做记录，这样才能化险为夷而不至于铸成大错。

沟通的工作习惯不仅是内部润滑剂，同样是外部黏合剂。这样不仅有利于业务的开展，还能凸显企业魅力。尤其是对于非核合作单位，我们应该有责任和义务让他们了解、熟悉、认可核安全文化。

每个员工应尽力做到：

（1）从他人处获取有用的信息；

（2）向团队中的其他人传递有用的信息；

（3）获得更多的合作；

（4）报告工作情况；

（5）积极提出改进建议。

（五）践行核安全文化——做到"人人都是一道安全屏障"

践行核安全文化——做到"人人都是一道安全屏障"，是每个人必须努力的方向。

核电站建造阶段的任何一个环节都必须严格贯彻设计之初的安全目标。从材料到零件，从设备到系统，从安装到调试，核电行业在践行最苛刻的安全设计理念，最完备的质量体系要求，最严密的质量控制方式。然而这一切的一切，最终都要由人来完成，而人恰恰是最不可控的因素。基于尊重每个个体的理念，必须考虑到人都会犯错误。我们无法阻止和控制每个错误，因为我们无法预知人犯错误的具体信息：什么时候，在哪儿，为什么，犯什么错，如何犯错。为了最大限度地降低由人所导致的风险，核电行业引入了"安全文化"的概念，透过每个组织自身的文化，影响组织中个体的行为方式，从而让每个人主动朝着安全目标努力。

尊重每个人的能力和经验，也赋予每个人对应的责任。

员工应该树立"核电安全，人人有责""人人都是一道安全屏障"的安全理念，并使这些理念深深根植于思想和行动中。

图 2 - 8 为纵深防御屏障。

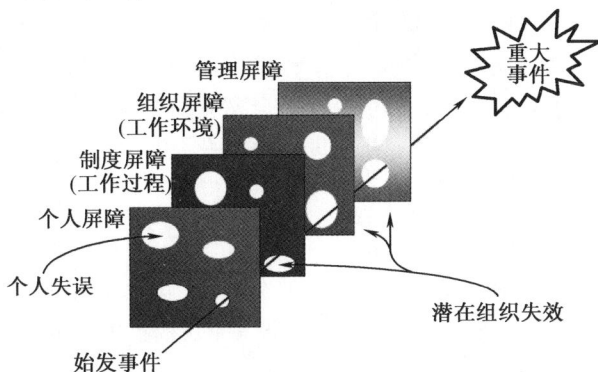

图 2 - 8　纵深防御屏障

（六）践行核安全文化——做到"明星自检"

践行核安全文化——做到"明星自检"，减少人因失误。

核安全文化强调，不要忽视每一个人对核安全的作用。据统计，人因失误占核电厂运行事故的 70% 左右。由此可见，人员行为对核电安全的贡献非常重要。为了有效地控制人因失误的概率，避免或减小核电事故，推行了"明星（STAR）自检"方法，即遇到问题（异常）时，停下来（Stop—S）；想一想（Think—T）；再行动（Action—A）；完成工作后，进行检查（Review—R）。

图 2 - 9 为"明星自检"方法四步骤图。

图 2 - 9　"明星自检"方法四步骤图

"停"的过程中，我们应该明确工作项的目的是什么、有什么潜在风险、以前有没有相关经验等。"想"是"停"的进一步思考，要明确工作项的关键步骤，要对结果有所预期，要有最坏结果出现时的缓解措施。有了这些准备之后，再开始"做"，必要时还可以先制定相关的操作程序，或者进行演练。当工作项完成之后，就要回顾一下整个作业流程，做好"查"的工作。结果是否与初衷相符，过程是否有改进的地方，这些最好能形成相关的报告。

"明星自检"不但能规范执行程序，有效地减少不必要的人因失误，还可以改进员工的不良工作习惯和工作方法，杜绝"想当然"意识的产生。这样的工作作风，能起到事半功倍的效果。"明星自检"应该反映在我们每天的工作当中。从早上准备一天的工作开始，就要给自己停顿思考的时间。到下班的时候，就要回顾一下今天所完成的工作，检查一下是否有与核安全相违背的地方，总结经验教训。

按照这样的思路,"明星自检"的方法不仅适用于个人,也适用于一个团队,甚至是一个单位。《卓越核安全文化的八大原则》中的第八大原则还强调将这种自检活动常态化。采用科学的方法,定期及时地对公司的安全文化水平进行评价。通过自我检查,识别核安全文化弱化征兆,不断发现管理上的弱点,随时发出安全文化开始弱化的预警,果断地采取有效的纠正行为,扭转安全文化弱化的趋势,使之向安全文化加强的方向发展,从而提高公司的核安全文化水平。

(七)践行核安全文化——持续改进

核安全指标在不断地改进,追求高标准、追求卓越是核安全文化的必然结果。在工作中必须保持"持续改进"的安全理念,它是一个动态发展的过程,并不因某项工作的完成而终止,而是永无止境的优化过程。持续改进属于核安全发展的高级阶段,应自觉而不间断地改善安全绩效。公司不断采取各种措施,主动改进人的行为,提高员工的安全素养,并以此来不停顿地改善和提高公司的安全绩效。

我们每个人不仅要实现自我超越,而且要兑现核安全的承诺,让核安全从一个成功走向下一个成功。这就是核安全文化持续改进的动力。核安全文化强调对安全工作永远不能满足现状,对技术、管理等方面的不足要进行持续改进,确保核安全水平不断提升。这要求公司员工以更高的目标、更强烈的责任感、更主动的态度去对待工作,这样才能充分激发他们在发现问题、改进技术、完善管理等方面的工作热情,才能确保核安全文化不断超越现有的水平。持续改进就必须高度重视以往的经验,继承好的方面,摒弃坏的方面;持续改进就是要不断地自我评估,了解自己目前的状态,随时调整或纠正行动;持续改进就是要坚持学习技术、管理类的新理论和新方法,将它们应用到实际的工作中;持续改进就是要对安全问题始终如一的重视,避免产生浮躁或自满情绪,否则就会对一些安全事件发生的征兆视而不见,直至发生重大事件。

四、结束语

核电装备制造是一个特殊的机械设备制造行业,有其特殊性及规律性。"核电无小事",一个不起眼的设计或制造失误,可能会导致核电厂运行终止,甚至引发核电厂安全事故。核安全是核电发展的生命线,需要我们共同守护!

第三章 核电焊工品质

一、核电质量保证基本要求

对于核电焊工要先学会做人,再学会做事,所以核电焊工要堂堂正正做人、认认真真做事。

堂堂正正做人:

(1)树立正确的职业观,爱岗敬业,遵章守纪(重诚信、守承诺)。

(2)必须做到 8 个方面 64 条(见"焊工培训自我评价记录表")。

(3)熟练掌握核电焊接基本操作技能。

认认真真做事:

要做到三按和三检:

三按——按图纸、按工艺、按技术文件。

三检——自检、互检、专检。

核电质量保证基本要求:

凡事有章可循——核电焊工在焊接产品或培训考试前都要熟悉文件,做到"三按",即按图纸、按工艺、按技术文件,尤其是工艺文件。例如,焊接工艺规程、流转卡、质量计划、适用性文件等,所有的焊接操作都必须有技术支撑文件。

凡事有据可查——核电焊工在焊接产品或培训考试过程中所做的一切事情都要做到有据可查。举例来说,体现在流转卡和质量计划的签字、焊接考试全过程录像、焊接工艺参数实际记录和焊道图的正确画法等方面。

凡事有人负责——核电焊工在焊接产品或培训考试过程中的一切事情都要做到各司其职、各负其责。举例来说,体现在流转卡和质量计划中,焊工、质检人员、质保人员、焊接工艺人员及其他相关人员在相应工序栏内要签名,对自己焊接的焊缝质量负责。

凡事有人监督——核电焊工在焊接产品或培训考试过程中所做的一切事情都要做到有人监督,做到"三检",即自检、互检、专检。举例来说体现在流转卡和质量计划上,国家核安全局驻公司监督人员、质检人员、质保人员、焊接工艺人员及监造等相关人员通过关键工序栏目内的"W""H"和"R"点来监督产品的焊接质量,而核电焊工考试全过程录像也是监督的一种方式。

二、核电焊工高品质的"三加一"作风

品质是什么?品质是我们焊接的产品要使用户满意、符合标准、零缺陷,品质来源于我们的"三加一"作风,即

认真(精益求精)→快→坚守承诺(反省和改进)+绝不推诿(来源于高标准、严要求)

三、焊工培训自我评价记录表的填写

(一)焊工自我评价

焊工培训自我评价记录表包括劳保用品的穿戴、焊接辅助工具准备、焊接设备检查、焊接工装夹具检查、文件准备、焊接过程、焊后和安全八个方面。其中前五个方面的内容必须在焊前检查确认,第六方面是在焊接过程中边焊边记录,第七方面是焊后对设备、工具、文件等的检查记录,第八方面则是安全文明生产。

(1)焊工在焊前必须按要求穿戴劳保用品,并对照"焊工培训自我评价表"中第一方面内容如实记录。

(2)焊工针对自己所培训项目合理选择辅助工具,不同培训项目使用的工具不同。焊工在焊前一定要提前准备所需工具,并对照"焊工培训自我评价表"中第二方面内容如实记录,工具使用过程中要爱惜,不得随意拿他人工具使用。

(3)每一位焊工都要养成焊前检查设备的良好习惯,焊机在长期使用过程当中难免出现不正常现象,要针对自己的焊接方法按照焊接工艺规程要求合理选择极性,最好焊前在废旧试板上试焊,并对照"焊工培训自我评价表"中第三方面内容如实做好记录。

(4)工装夹具给焊接操作提供了很大的便利性,工装夹具能否正常使用直接影响焊接操作,所以焊工在焊接前一定要检查确认工装夹具是否正常,并对照"焊工培训自我评价表"中第四方面内容如实填写。

(5)"凡事有章可循,凡事有据可查,凡事有人负责,凡事有人监督",规程、流转卡和适用性文件是焊工焊接操作的"章",焊工在焊接过程中如实记录"焊道、焊缝、焊接参数与预热、后热及层温"才能够"有据可查、有人负责",在焊接产品时更应做好这一点。焊工在焊前要对照"焊工培训自我评价表"中第五方面内容准备好相关文件。

(6)焊接过程中要注意层间温度的控制、接头的打磨等,并按照"焊工培训自我评价表"中第六方面内容如实填写并规范操作。

(7)焊接完成后要及时清扫焊接场地,并归还所借文件、工具,检查设备是否完好,对照"焊工培训自我评价表"中第七方面内容如实填写。

经过一天的培训,培训结束时焊工应填写"焊工培训自我评价记录表",对自己的培训做个小结(表3-1)。

表3-1 焊工培训自我评价记录表

填写日期:××××.××.××

序号	检查项目	检查结果		备注
1	劳保用品的穿戴			
1.1	工作服	□是	□否	
1.2	工作帽	□是	□否	
1.3	劳保鞋	□是	□否	
1.4	口罩	□是	□否	
1.5	耳塞	□是	□否	

表 3 - 1(续 1)

序号	检查项目	检查结果		备注
1.6	手套	□是	□否	
1.7	防护眼镜	□是	□否	
1.8	面罩	□是	□否	
2	焊接辅助工具准备			
2.1	钳型电流表	□是	□否	
2.2	砂轮机	□是	□否	
2.3	接触式测温仪	□是	□否	
2.4	核电保温桶 + 变压器	□是	□否	
2.5	焊条回收桶	□是	□否	
2.6	刷子	□是	□否	
2.7	锤子	□是	□否	
2.8	旋转锉	□是	□否	
3	焊接设备检查			
3.1	焊机运行检查	□是	□否	
3.2	极性检查	□是	□否	
3.3	电流表有效期	□是	□否	
3.4	电压表有效期	□是	□否	
3.5	辅助按钮的正确使用	□是	□否	
4	焊接工装夹具检查			
4.1	工装夹具运行检查	□是	□否	
4.2	工装夹具扳手检查	□是	□否	
5	文件准备			
5.1	规程	□是	□否	
5.2	流转卡	□是	□否	
5.3	适用性文件	□是	□否	
5.4	焊道记录图	□是	□否	
5.5	生产焊缝数据单	□是	□否	
5.6	焊接参数与预热、后热及层温记录表	□是	□否	
6	焊接过程			
6.1	引弧方式及引弧位置	□是	□否	
6.2	打磨:焊道接头间	□是	□否	
6.3	打磨:道与道之间	□是	□否	
6.4	打磨:层与层之间	□是	□否	
6.5	砂轮机运行检查	□是	□否	

表 3 – 1(续 2)

序号	检查项目	检查结果	备注
6.6	砂轮片检查	□是　　□否	
6.7	运条方式(立焊摆动不超过焊条直径的三倍)	□是　　□否	
6.8	运条方式(平、横或仰不摆动多道直道焊)	□是　　□否	
6.9	收弧方式:圆圈回绕	□是　　□否	
	收弧方式:断续送铁水法	□是　　□否	
6.10	预热六点测温	□是　　□否	
	道间三点测温	□是　　□否	
6.11	按焊接规程调试焊接规范参数(电流)	□上 □中 □下	
	按焊接规程调试焊接规范参数(电压)	□上 □中 □下	
	按焊接规程调试焊接规范参数(速度)	□上 □中 □下	
6.12	焊接热输入量的控制焊缝长度(1 根焊条)	□是　　□否	
	焊接热输入量的控制焊缝宽度(1 根焊条)	□是　　□否	
	焊接热输入量的控制焊缝余高(1 根焊条)	□是　　□否	
	焊接热输入量的控制焊缝厚度(1 根焊条)	□是　　□否	
	会计算热输入量	□是　　□否	
6.13	焊工与试件相对位置是否正确	□是　　□否	
6.14	焊缝数据单是否填写	□是　　□否	
6.15	焊接参数是否记录	□是　　□否	
6.16	搭接量的控制	□是　　□否	
6.17	是否画层道图	□是　　□否	
7	焊后		
7.1	文件是否归还	□是　　□否	
7.2	工具是否归还	□是　　□否	
7.3	焊接设备是否完好	□是　　□否	
7.4	工装夹具是否完好	□是　　□否	
7.5	排风装置是否完好	□是　　□否	
7.6	操作场地是否清洁	□是　　□否	
7.7	现场是否安全	□是　　□否	
7.8	是否关闭水电器开关	□是　　□否	
7.9	焊条与焊条头是否回收	□是　　□否	
7.10	平台打磨	□是　　□否	
8	安全		
8.1	电焊工必须持有安全证书	□是　　□否	
8.2	在焊接点严禁堆存大量易燃易爆物品	□是　　□否	

表3-1(续3)

序号	检查项目	检查结果		备注
8.3	当焊枪与工件短路时,不能启动电焊机	□是	□否	
8.4	焊接时电缆线搭在气瓶、乙炔发生器或其他易燃物品的容器和材料上	□是	□否	
8.5	焊接时不能将电焊钳放入水中冷却	□是	□否	
8.6	气瓶位置放在气瓶架上	□是	□否	
8.7	在容器内作业时,应采取通风措施	□是	□否	
8.8	严禁焊接盛装过易燃易爆物品的容器	□是	□否	
8.9	当电焊工在2 m高处进行作业时,须系安全带	□是	□否	
8.10	严禁焊接悬挂在起重机吊钩上的工件和设备	□是	□否	
8.11	工作地点环境机械噪声值不超过声压60分贝	□是	□否	
8.12	接地检查接地良好	□是	□否	

焊工签名: 时 间:

焊工教师打分: 焊工教师签名:

(二)技能教师评价

1. 技能评价

经过一段时间的培训,培训教师应对焊工的技能水平做出评价,并根据培训是否合格确定该焊工能否参加 HAF603 项目考试。

2. 综合评价

技能评价只是一个方面,培训教师还要根据焊工在培训期间的具体表现,包括劳动态度、安全意识、工具和设备的使用等方面,对焊工进行综合评价。

根据评价结果填写焊工考前培训结果汇总表(表3-2)。

表3-2 焊工考前培训结果汇总表

编号	姓名	考试类别	培训项目	培训结果	不合格原因	是否同意考试	是否暂停相应焊接工作
1							
2							
3							
4							
5							
6							
7							
8							
9							
10							

编制: 审核: 批准:

第四章　焊条电弧焊

一、焊条电弧焊简介

焊条电弧焊是用手工操纵焊条进行焊接的电弧焊方法。焊条电弧焊设备简单、操作方便、适应性强,能在空间任何位置进行焊接,可焊接碳钢、低合金钢、不锈钢和镍基合金等各种材料。因此,焊条电弧焊在核安全设备制造和安装中应用十分广泛。

焊条电弧焊的英文缩写和焊条电弧焊在《锅炉压力容器压力管道焊工考试与管理规则》中的代号均为 SMAW;焊条电弧焊在《焊接及相关工艺方法代号》(GB/T 5185—2005/ISO 4063:1998)中的代号为 111;焊条电弧焊在《民用核安全设备焊工焊接操作工资格管理规定》(HAF603)中的代号为 HD。

焊条电弧焊示意图如图 4－1 所示。

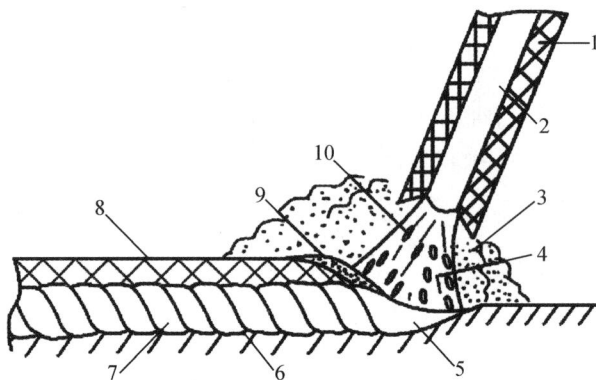

图 4－1　焊条电弧焊示意图

1—药皮;2—药芯;3—保护性气体;4—电弧;5—熔池;6—母材;7—焊缝;8—渣壳;9—熔渣;10—熔滴

二、焊条电弧焊优缺点

1. 焊条电弧焊的优点

(1)焊条电弧焊设备简单,购置设备投资少,且维护方便。

(2)焊条电弧焊操作灵活方便,适应性强,可达性好,不受场地和焊接位置的限制,在焊条能达到的地方一般都能施焊。焊条电弧焊最适合结构复杂的产品和结构上不规则、具有各种空间位置或者其他不易实现机械化、自动化焊接的焊缝,例如反应堆压力容器 J 型接头焊接,目前尽管出现了自动钨极惰性气体保护焊,但大多数制造厂家还是采用焊条电弧焊。

钢结构件或单件或小批量的焊接产品多采用焊条电弧焊;在安装或修理部门因焊接位置不定,焊接工作量相对较小,宜采用焊条电弧焊。

(3)可焊金属材料广,除难熔或极易氧化的金属外,大部分工业用的金属均能焊接。能焊的金属有碳钢、低合金钢、不锈钢、耐热钢、铜、铝、镍及其合金;能焊但可能需预热、后热或两者兼用的金属有铸铁、高强度钢、淬火钢等;不能焊的金属有低熔点金属(如锌、铅、锡及其合金)、难熔金属(如钨、钼等)和活性金属(如钛、铌、锆等)。

(4)焊条电弧焊能实现气渣联合保护,不需要辅助气体保护,并且具有较强的抗风能力。

2.焊条电弧焊的缺点

(1)待焊接头装配要求较低,但对焊工操作技术要求高,焊接质量在一定程度上取决于焊工的操作水平,例如Dg008对焊工操作技术要求很高。

(2)劳动条件差,熔敷速度慢,生产效率低。所用焊条直径一般已固定(1.6~5 mm),长度为200~450 mm,焊接电流一般在500 A以下。焊工每焊完一根焊条即需更换,并残留一截焊条头,焊后还需清渣等,故生产效率低。

(3)1 mm以下的薄板不宜用焊条电弧焊;坡口内多层填充焊的厚度虽不受限制,但效率低,当填充金属量过大时会使经济性下降,所以一般填充厚度多为3~40 mm。

本章主要介绍了低合金钢板对接立向上、横位、仰位双面焊焊条电弧焊技能操作技术,奥氏体不锈钢板对接立向上、横位双面焊焊条电弧焊技能操作技术,异种钢管－板角接水平固定立向上焊条电弧焊技能操作技术,低合金钢板加隔离层镍基合金对接横位带垫板焊条电弧焊技能操作技术和反应堆压力容器J型接头镍基合金焊条电弧焊技能操作技术。

第一节 低合金钢板对接横位双面焊

本节根据HAF603法规和核电质量保证基本要求,对核电焊条电弧焊低合金钢板对接横位双面焊技能操作项目的要点简介、焊接工艺规程、焊前准备、焊接操作方法、焊后检查等方面进行讲解。

为了叙述方便,HAF603项目代号为HD P GW Ⅲ c t30h80 PC bs的低合金钢板对接横位双面焊焊条电弧焊以下均称为"HAF603－HD017"。

一、本项目要点简介

低合金钢板焊条电弧焊技能操作项目所用钢材为低合金结构钢,因其化学成分复杂、焊接结构多样化及所采用的壁厚、接头形式等的不同,表现出不同的焊接特点。

横位焊时,金属受重力作用而下淌至下侧坡口上,在坡口上边缘容易形成咬边、下边缘容易形成下坠,造成未熔合和夹渣。因此,应采用较小直径的焊条和短弧施焊,在坡口上边缘稍做停留,并以选定的焊接速度焊至坡口下边缘,做微小的横拉稳弧动作,然后迅速带至上坡口。

使用碱性焊条时,熔化金属与熔渣较容易分清。

为了避免熔池金属下淌,有利于焊缝成形,厚板横焊时,下面焊件可不开坡口或坡口角度小于上面焊件。

(一)适用范围

本教案适用于核电焊条电弧焊低合金钢板对接横位双面焊的技能培训,也可作为核电技能教师在培训学员时的教学方案。

(二)教案编写依据

(1)《民用核安全设备焊工焊接操作工资格管理规定》(HAF603)2008年版。

（2）低合金钢板状对接焊条电弧焊横焊焊接工艺规程,编号:GC－10－027。

（3）适用性文件《预热、层温、后热和焊后热处理总要求》《对焊接操作的附加要求》和《焊接的总要求》。

（三）要点简介

（1）横焊的特点是熔池金属受重力的作用,有下垂的倾向,在焊道的上方易产生咬边,而在焊道的下方易产生焊瘤,为此常常限制每道熔敷金属量。薄板时可以采用单道焊,厚板时宜采用开坡口多层多道直道快速焊。

（2）低合金钢焊接主要防气孔、夹渣、咬边、冷裂纹。在横焊时应做到:

①采用多层多道直道焊的熔敷类型,焊条不能摆动,焊接速度也不能过慢,需短弧操作。

②做好"三磨",即焊道接头、焊道与焊道、各焊层之间,在焊接前需进行表面打磨,使金属表面干净,露出光泽,无任何缺陷。

③严格控制热输入和道间温度。

（3）注意要点:

打底:需注意两边死角和面。

填充:需注意每道的焊接顺序和盖面前一层所预留的边角。

盖面:需注意焊接规范,焊趾处容易产生咬边和未熔合。

二、HAF603－HD017 焊接工艺规程

《焊接工艺规程》是直接发到焊工手里指导生产和培训的焊接工艺文件,对于核电产品和每个考试项目,应做到"一点一卡、一项一卡"。

HAF603－HD017 项目的焊接工艺规程见表4－1。

表4－1　HAF603－HD017 项目的焊接工艺规程

编号:GC－10－027　Rev. C

技能考试项目代号	HD P GW Ⅲ c t30h80 PC bs		
工艺评定报告编号/依据标准/有效期	SMAW（B）－3.3－×××× (N) ASME1998＋2000 补遗/长期有效	自动化程度/稳压系统/自动跟踪系统	手工焊

焊接接头		焊接接头简图(有衬垫的应标明衬垫的形式和截面尺寸):
坡口形式	V 形	
衬垫(材料)	—	
焊缝金属厚度	30 mm	
管子直径	—	
其他	坡口角度60°±5° 装配间隙 0～3 mm 钝边 0～2 mm	

表 4－1(续1)

	母材		填充金属	
类别号	试板:Ⅲ 障碍板:Ⅰ		焊材类型 (焊条、焊丝、焊带等)	焊条
牌号	试板:13MnNiMo54 或等效材料 障碍板:Q235 或等效材料		焊材型(牌)号/规格	E9018－G φ3.2 mm、φ4.0 mm
规格	试板2块:300 mm×125 mm×30 mm 障碍板2块:300 mm×98 mm×6 mm		焊剂型(牌)号	—
	焊接位置		保护气体类型/混合比/流量	
焊接位置	横焊(PC)		正面	—
焊接方向	—		背面	—
其他	—		尾部	—
	预热和层间温度		焊后热处理	
最低预热温度	121 ℃		温度范围	595～620 ℃
最高层间温度	250 ℃		保温时间	1～1.5 h
预热方式	天然气火炬加热		其他	最高进出炉温度:350 ℃ 最大升降温速率:55 ℃/h

	焊接技术	
最大热输入	$Q=[U(\mathrm{V})\times I(\mathrm{A})/V(\mathrm{mm/s})]\times 10^{-3}=8.26\ \mathrm{kJ/mm}$	
喷嘴尺寸	—	导电嘴与工件距离	—
清根方法	碳弧气刨或打磨	焊缝层数范围	≥8 层
钨极类型/尺寸	—	熔滴过渡方式	—
直向焊、摆动焊及摆动方法		多道直道焊
背面、打底及中间焊道清理方法		刷理或打磨

焊接参数

焊层	焊接 方法	焊材		焊接电流		电压范围/V	焊接速度/ (cm·min^{-1})
		型(牌)号	规格/mm	极性	范围/A		
定位焊	HD	E9018－G	φ3.2	直流反接	115～135	22～28	
			φ4	直流反接	155～175		
序号1 打底焊	HD	E9018－G	φ3.2	直流反接	115～135	22～28	
			φ4	直流反接	155～175		
序号2 填充焊	HD	E9018－G	φ3.2	直流反接	115～135	22～28	—
			φ4	直流反接	155～175		
序号3 盖面焊	HD	E9018－G	φ3.2	直流反接	115～135	22～28	
			φ4	直流反接	155～175		
序号4 封底焊	HD	E9018－G	φ3.2	直流反接	115～135	22～28	
			φ4	直流反接	155～175		

表 4 – 1（续 2）

工艺说明	施焊操作要领
工艺说明： （1）本规程根据《民用核安全设备焊工焊接操作工资格管理规定》（HAF603）编制； （2）操作考试前，应当在主考人、监考人与焊工共同在场确认的情况下，在试件上标注焊工项目考试编号； （3）焊工可根据规程标明考试用焊条来自定规格； （4）焊接顺序：预热→装配并焊接障碍板→焊接序号 1→焊接序号 2→拆除障碍板→焊接序号 3→反面清根→焊接序号 4； （5）焊接完成后，试件按 HAF603 附件 2 中的表 1 和 2.2 条款做外观检验； （6）试件按 HAF603 附件 2 中的表 1 和 2.3 条款做射线探伤； （7）试件无损检验合格后按热处理要求进行热处理，并出具热处理报告； （8）试样按 HAF603 附件 2 中的表 1 和 2.4 条款做 2 个侧弯试验	操作要领： （1）操作考试前，参考焊工应将考试用试件坡口表面及两侧各 25 mm 范围内清理干净，去除铁屑、氧化皮、油、锈和污垢等杂物。 （2）每道焊缝焊接前应检查温度，在焊接中断且温度降至低于最低预热温度之前，须进行后热处理。后热温度：200～400 ℃；最短后热时间：2 h；后热方式：天然气火炬加热。 （3）考前必须检查障碍板尺寸，尺寸不得小于规程要求，装配角度必须和试件坡口角度一致。 （4）第一层焊缝中至少应当有一个停弧再焊接头。 （5）焊缝表面最后一层应保持原始状态，不允许修磨和返修。 （6）试件开始焊接后，焊接位置不得改变
编制单位名称	

三、焊前准备

（一）试件

1. 试板材质与规格

试板：2 块　　　　规格：300 mm × 125 mm × 30 mm　　　　材质：13MnNiMo54

障碍板：2 块　　　规格：300 mm × 98 mm × 6 mm　　　　材质：Q235

2. 试件清理

必须去除表面氧化物，并且不得存在任何氧化痕迹，试板坡口两侧及背面 25 mm 范围内的油、锈、氧化皮等应清理干净，直至露出金属光泽。

3. 试件标识

在试件上标注焊工项目考试编号。

（二）工具

钳式电流电压表、数字型接触式测温仪、低应力钢印、电动角向磨光机、敲渣锤、核电保温桶、手持式面罩、拖线板、砂轮片、焊条头回收桶、钢刷。

（三）防护

操作人员应穿戴工作服、工作帽、劳保鞋、口罩、耳塞、手套、防护眼镜、面罩。

（四）焊接设备已检标志及焊接工装夹具的检查

（1）启动焊机前,检查焊机各处的接线是否正确、牢固可靠,电流表和电压表应在有效期内。

（2）检查工装夹具是否齐全、可否正常使用。

（3）注意引弧电流和推力电流辅助按钮的使用。

（五）文件准备

焊前需准备焊接用工艺规程、流转卡、质量计划、适用性文件和监考记录表。

（六）预热

焊接开始前,对焊件的全部（或局部）进行加热的工艺措施叫作预热。

（1）预热目的:预热的目的是防止冷裂纹缺陷的产生。

（2）预热措施:根据焊接工艺规程 GC - 10 - 027 得知,预热温度为 121 ~ 250 ℃,基于低合金钢材易于产生冷裂纹的特征,根据前文所述冷裂纹的形成原因,取焊接工艺规程预热温度的上限,这里推荐预热温度取上限 200 ~ 250 ℃。预热装置如图 4 - 2 所示。

试件放在加热平台上,对平台进行加热,达到两块试板整体加热的效果。天然气加热装置数量在两个以上时,才能保证整体加热温度的均匀。如用单个天然气加热装置进行加热,试件温度可能会不均匀,可能一半温度达到要求另一半温度没有达到要求或超出要求。试件加热不均匀易出现冷裂纹焊接缺陷,这是不允许的,所以要模拟产品整体加热。

（3）试件开始预热后,应用测温仪至少每 30 min 测一次试件温度（六点测温）,并将六点温度数据填写在监考记录表中。测试件六点分布如图 4 - 3 所示。

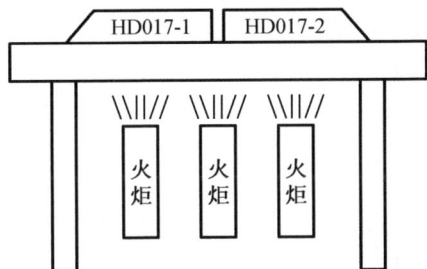

图 4 - 2 预热装置

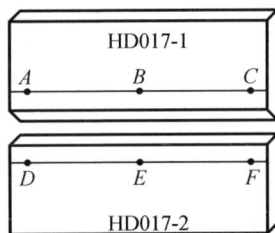

图 4 - 3 测试件六点分布

（七）焊材的领用和核电保温桶的正确使用

1. 焊材的领用

根据焊接工艺规程 GC - 10 - 027 得知,焊条选用 E9018 - G,直径 φ3.2 mm 和 φ4.0 mm 都适用。E9018 - G 是铁粉低氢钾型药皮、抗拉强度不低于 590 MPa 的低合金钢焊条,交直流两用,可进行全位置焊接。

焊工应凭流转卡、员工证到焊材烘焙库领取已经烘干好的焊材,放入核电保温桶中以防止焊条的含氢量增加。核电保温桶应保持恒温,温度为 100 ~ 150 ℃。焊材不能一次性领取过多,φ3.2 mm 领取 15 ~ 20 根,φ4.0 mm 领取 25 根左右为宜,在领取焊材时需确认该焊材的炉批号和检验编号。

2. 核电保温桶的正确使用

核电保温桶上有检验合格标签和有效期标志,焊工应使用经过检验合格的核电保温桶。

3. 焊条的使用

戴干净的手套,从核电保温桶里拿出一根焊条后盖上盖子,防止保温桶里的焊条含氢氧量增加。E9018 - G 的焊条引弧时容易出现氮气孔,所以引弧的部分需要打磨。

4. 焊条头的回收

焊接一根焊条后,剩余的焊条头需放入回收桶内。焊条头的长度应不小于 50 mm,因为当焊接工艺参数过大时,剩余较短的焊条在高温作用下呈现红色,药皮中起造气作用的大理石等在高温下提前分解或药皮脱落,影响保护效果,易出现氮气孔等焊接缺陷。另一方面,焊条内的合金元素被严重烧损,致使接头的性能下降,强度降低。

四、焊接操作方法

(一)装配与定位

首先在定位焊之前用砂轮片打磨试板的钝边,钝边取 1.5 mm,装配间隙取 1.0 ~ 1.5 mm,如图 4 - 4 所示。将试板背面向上平放于平台上,用钢直尺横卡于试件背面观察错边量,应使两试板处于相对平行的位置,尽量减少错边,这样可防止坡口被烧穿,也方便清根。试件装配的反变形与定位焊道如图 4 - 5 所示,38 ~ 40 mm 是指一块板的延长线与另一块板边缘的垂直距离,也可以换算为角度(7. 27° ~ 7. 66°)。使用与正式焊接时相同的焊条,分别在试板两端进行定位焊,起焊端长度 10 ~ 15 mm,另一端应更长,达 45 ~ 50 mm,必须焊接牢固,防止开裂。对接试板打底焊示意图如图 4 - 6 所示。

装配好后将试板放置于横焊位置。

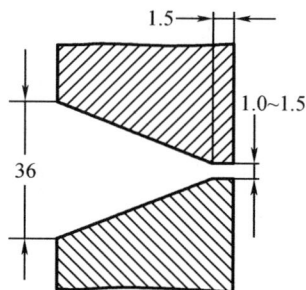

图 4 - 4　装配间隙(尺寸单位:mm)

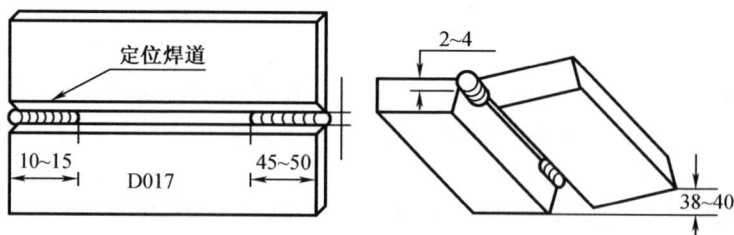

图 4 - 5　试件装配的反变形与定位焊道(尺寸单位:mm)

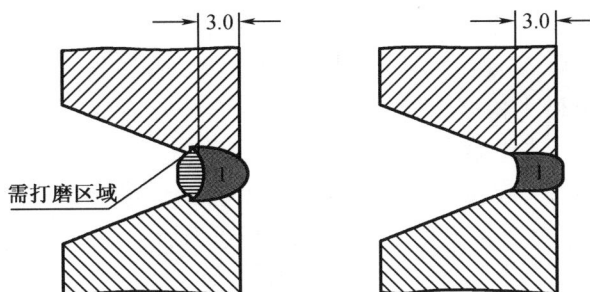

图 4-6　对接试板打底焊示意图(尺寸单位:mm)

(二)打底层焊接操作要领

1. 熔池的建立

在打底过程中为了背面有良好的成形,焊机的微调旋钮引弧电流和推力电流都要使用。引弧电流调至 4~6 A 为宜,推力电流调至 4 A 左右最佳(虽然有的焊机刻度不一样,但原理相同,要随机而定)。

焊接时,熔池几何尺寸与电流、电压、焊枪的角度、焊接速度、焊材种类以及母材本身的特性有关。主要是前两者,电流越大,熔池越深;电压越大,熔池越宽。

在建立第一个熔池时,采用较小直径的 $\phi3.2$ mm 焊条用撞击法将电弧引燃,再压低电弧做出轻微的摆动,这样可以使药皮与铁水分开(药皮熔化后形成的熔渣与铁水有明显区别,熔渣呈暗红色,铁水为发光的流体),从而形成第一个熔池,熔池几何形状呈椭圆形,如图 4-7 所示。

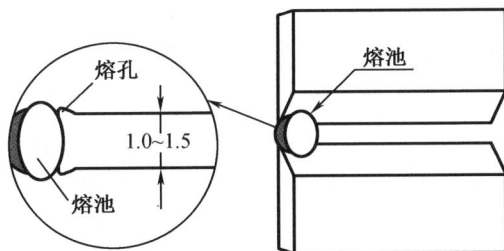

图 4-7　熔池几何形状(尺寸单位:mm)

2. 引弧

引弧需注意以下四个方面:

(1)焊件待焊部位应彻底清理干净。

(2)焊条与焊件接触后,焊条提起时间要适中,提起的高度要合理。太快、太高,电弧可能熄灭;太慢,焊条将与焊件粘连。在打底焊接过程中要用焊条的电弧击穿一个大小均匀的熔孔,使得试件背面有足够的焊缝高度,这样有利于焊后清根时不用清理得太深。

(3)需用整根焊条,焊条端部要有裸露部分,且应均匀。

(4)引弧位置要适当。在焊接中断重新引弧时,应注意引弧位置。一定要在离停弧点后 10~20 mm 的焊缝上引弧,然后移至始焊点,待熔池熔透后再继续向前移动,将可能产生的引弧缺陷留在焊缝表面,在下一层焊道焊接之前将前一焊道表面清理干净,去除缺陷。

3. 运条

焊接方向从左往右焊,用连续焊焊透钝边,使两块试板母材良好熔合,焊后焊缝颜色应呈灰白色。焊接不允许做大幅度的摆动。

4. 接头

焊缝接头采用冷接法,起弧和收弧处用砂轮片打磨干净,收弧处应磨出圆滑过渡的斜坡状,然后再进行焊接。焊道接头操作技术如图4-8所示。

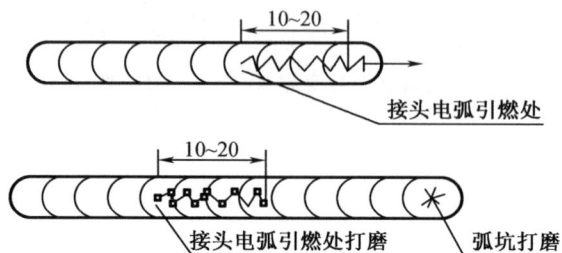

图4-8 焊道接头操作技术示意图(尺寸单位:mm)

5. 收弧

焊接结束或电弧中断,都会产生弧坑,若收弧不当,弧坑处常常会出现裂纹、气孔等缺陷。为了克服弧坑缺陷,可采用下述两种收弧方法:

(1)划圈收弧法:焊条在收尾处做圆圈运动,直至将收尾处弧坑填满,再拉断电弧。

(2)转移收弧法:焊条在弧坑处稍做停留,慢慢将电弧提高,同时引向边缘坡口侧,凝固后一般不会出现缺陷。其适用于换焊条或临时停弧。

6. 再引弧

引弧位置要适当,在焊接中断重新引弧时,应重新换根焊条再引弧,注意引弧位置。

7. 再引弧的位置记录

根据焊接工艺规程GC-10-027,第一层焊缝中至少应当有一个停弧再焊接头,并用钢直尺测量出停弧处的位置(也就是打底焊第一根焊条的焊接长度),并在数据单上做出记录。

8. 打底焊缝完成后的几何形状、厚度及打磨要求

采用ϕ3.2 mm 的焊条打底,焊缝宽度不大于7 mm,焊缝厚度控制在3 mm,不能太高,为填充层和背面清根做准备。焊完后焊缝表面成形应呈现平或凹型,若呈现凸型应打磨至微凹型,便于下一层焊接和减少夹渣出现的概率,如图4-6所示。

(三)填充层焊接操作要领

为了使填充层有良好的成形,焊机的微调旋钮引弧电流调至4~6 A 为宜,推力电流调至<2 A 最佳,虽然有的焊机刻度不一样,但原理相同,要随机而定。因为推力电流在瞬时叠加一个峰值电流(例如0.04 s 瞬时叠加10~90 A)以保证熔深和焊透,过于强大的峰值电流会产生密集暴跳的金属飞溅物,溅落在熔池、焊缝及焊缝周围,造成不应有的夹渣等缺陷。

操作要点:为了控制热输入,建议采用不少于7层的多层多道焊,先将每层焊缝接头(道与道之间露出的小尾巴起弧焊缝)打磨干净,使其露出金属光泽,再用砂轮把焊层表面打磨平整,无任何缺陷。

1. 填充层第一层焊接要点

焊接填充层第一层时选用 ϕ3.2 mm 的焊条,为了焊透,避免夹渣,手腕要根据夹角角度对焊条角度做出调整。焊条与垂直面的摆动角度约 50° 为好,如图 4-9 所示。焊条不摆动。焊接过程中要注意焊接速度,过快容易引起夹渣、未焊透等,过慢容易使焊缝过厚或波纹成尖角形。焊后焊缝成形应呈现平或凹型,若呈现凸型应打磨平滑。

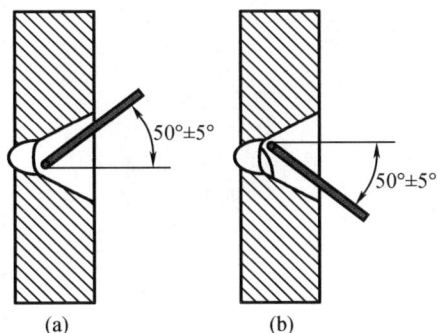

(a)　　(b)

图 4-9　焊条角度示意图

2. 填充层多道焊分布

在填充层的焊接中,当一层中超过 3 道焊时,要注意焊道的分布。为了防止夹渣,最终焊道不能放置在上下两侧的坡口上,而且在焊接前需修磨待焊焊道至合理的几何形状。

3. 填充层多道焊收弧

填充层每一层超过 3 道时,道与道间的收弧处要错开,可呈金字塔形或相距 50 mm 错开。

4. 填充层最终层焊接要点

填充层第一层焊接完后选用 ϕ4.0 mm 的焊条,每层多道,每层焊道焊至两侧时,要稍做停顿,从而使焊道与两侧交界处熔合好。为严格控制热输入,选用 ϕ4.0 mm 焊条,且焊缝宽度控制在不大于 10 mm 为好。

每层焊缝都应从下向上焊起,每层焊道焊完后,应该用砂轮把焊层表面打磨平整圆滑,然后再焊接下层焊道。焊道与焊道之间应充分搭接,覆盖面不小于 1/3(推荐覆盖搭接量为 1/2),边缘的第二层焊道应完全覆盖第一层边缘焊道。最后一条填充焊道焊完后的焊层,其表面应离试板表面 1.5~2.5 mm,两侧棱边不能烧损,应保持原始状态,如图 4-10 和图 4-11 所示。

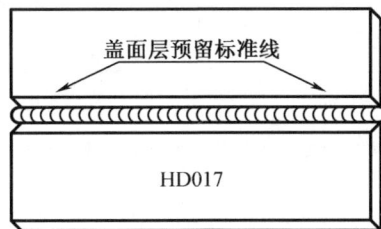

盖面层预留标准线

HD017

图 4-10　盖面前焊道预留标准线示意图

如果最后一层的填充焊层离两棱边过深,例如填充层距离试件表面有 2.5 mm 左右,填一层又多了,直接盖面盖不上,这时需以小直径焊条再焊一层,然后再打磨至上述所需标准。最后填充层形状略呈凹型为最好,然后进行盖面层焊接(图 4 – 11)。在填充层焊接过程中,为了在引弧时焊条不粘连,引弧电流开到 4 ~ 5 A,推力电流则需要关掉。

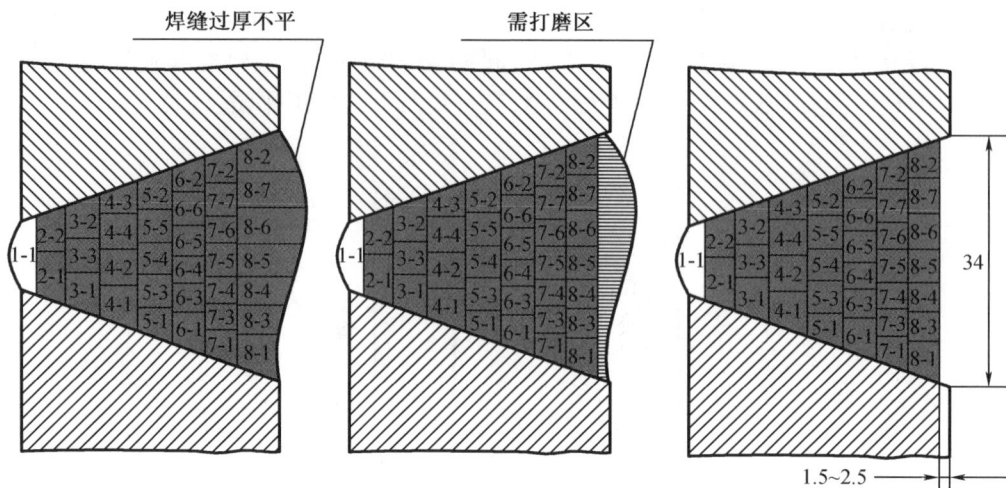

图 4 – 11　盖面前示意图(尺寸单位:mm)

由于焊接工艺规程提出了控制热输入(熔焊时由焊接能源输入给单位长度焊缝上的热能)的要求,因此焊接时要严格控制层道数量和焊接电流范围。在小范围、微摆动、快速度焊接时,可以有效地控制热输入量。一般 30 mm 厚度的试板,填充层层数至少 6 层。根据焊接工艺规程 GC – 10 – 027 的规定,试件焊缝填充≥8 层,除去盖面和打底各 1 层,填充至少在 6 层以上才能达到焊缝金属的最低填充层数。例如,30 mm 板对接焊,焊道分布如图 4 – 12 所示,仅供参考。

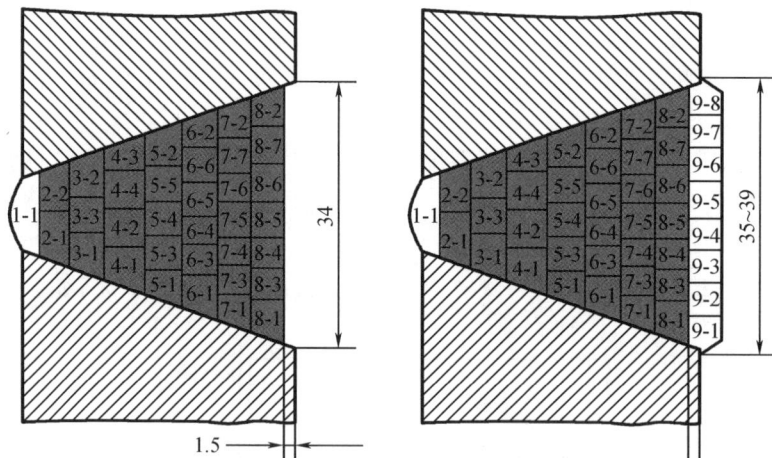

图 4 – 12　焊道分布(尺寸单位:mm)

5. 打磨

为了焊接出优质焊缝,要掌握"三磨"要领。

(1)焊道接头焊前磨

当引燃一根焊条焊接时,接头的电弧引燃处和收弧处是最容易出现焊接缺陷的地方,例如电弧引燃处由于刚开始引弧保护不好易出现氮气孔,收弧处由于化学成分不均造成偏析易出现弧坑裂纹。因此,一条优质的焊缝提倡磨两头留中间,如图4-13所示。

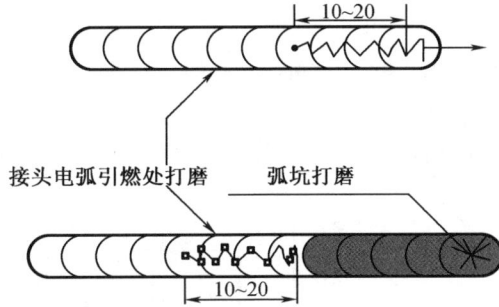

图4-13 焊道接头打磨示意图(尺寸单位:mm)

(2)焊道与焊道的搭接处焊前磨

在焊接宽的坡口焊缝时,需要几条焊道焊接一层,如图4-12所示。道与道之间搭接量的最低要求不能小于1/3焊缝宽度B,所以在焊接第二道焊缝前,要清理打磨到第一道搭接量的1/3处,特别是易咬边带有沟槽处的焊趾要打磨干净,做到圆滑过渡。热影响区的2/3处也要清理打磨干净。焊道与焊道的搭接处焊前磨如图4-14所示。

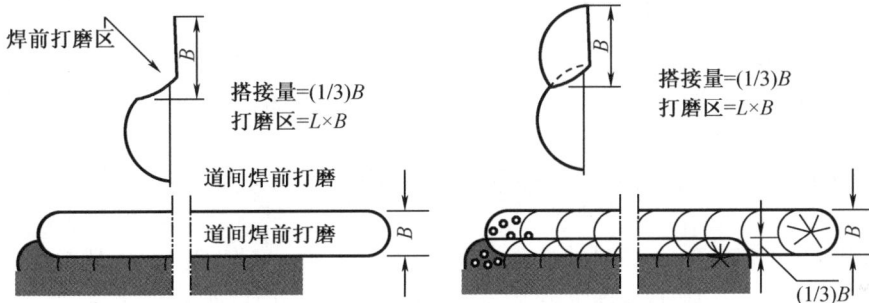

图4-14 焊道与焊道之间打磨示意图

(3)层与层之间的焊前磨

当多层多道焊一层焊接结束后,准备焊接下一层时,如操作不当,整个待焊面会凸凹不平,焊缝表面还会存在咬边、飞溅、裂纹甚至有高于母材熔点的高熔点氧化物等,如果不及时打磨掉会影响下一层的焊接质量。所以为了能焊接出高品质的焊缝,层与层之间焊前必须打磨。打磨标准是看不到焊缝纹路,整个面平整如图4-15所示,磨至焊缝表面能做渗透探伤(PT)的水平方能继续焊接。

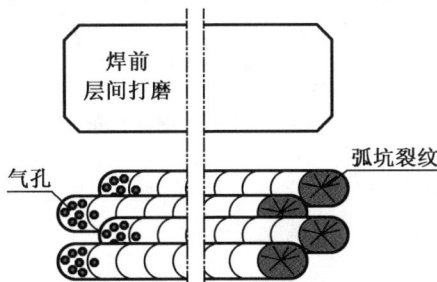

图4-15 层与层之间打磨示意图

（四）盖面层焊接操作要领

1. 盖面前的操作要领

盖面层焊接要保持道间温度不低于150℃，为了避免接头脱节、高低差超标、接头错位、宽度差超标，应按下述方法操作：

（1）盖面前需确认试件坡口的两棱边是否完好，若已被破坏需打磨至图4-16所示。

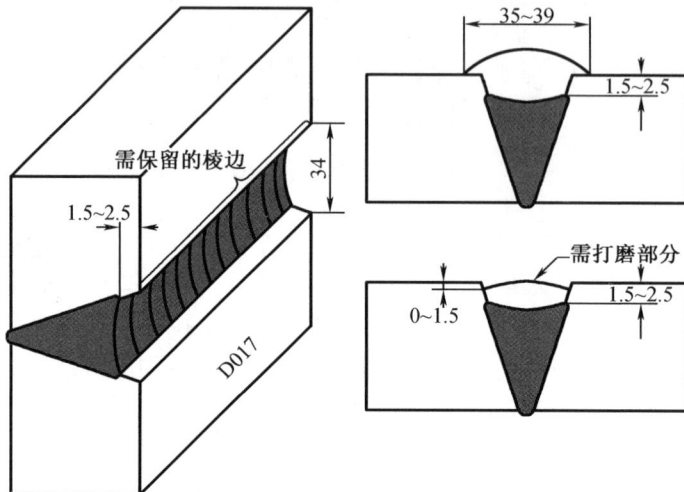

图4-16 盖面前保留棱边示意图（尺寸单位：mm）

（2）检查填充层的几何形状，需打磨焊缝表面露出金属光泽。打磨后的焊缝截面形状如图4-16所示。

（3）如图4-16所示，两坡口间的距离为34 mm左右，根据HAF603外观检验标准"每侧增宽0.5~2.5 mm"，则理论焊缝宽度为35~39 mm。盖面层焊接采用ϕ3.2 mm焊条，焊条不做摆动，当采用ϕ3.2 mm焊条时焊接宽度不大于8 mm。为盖满坡口且不产生咬边，$B=36$ mm时，则盖面层焊道道数为8道可行，如图4-17所示。

理论焊缝宽度 = 单道焊缝宽度$B\times$（1/2搭接量）$\times 7$条 +

最后一道焊缝宽度和每侧增宽

$$\approx 8/2\times 7 + 8$$

$$\approx 36 \text{ mm}$$

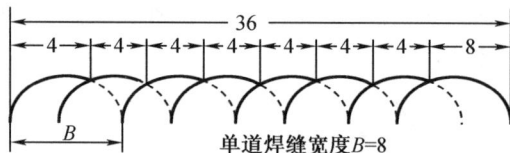

图4-17 1/2搭接量理论焊缝宽度示意图（尺寸单位：mm）

（4）如图4-16所示，填充层几何形状过高或凸出，则打磨至所需要求；如过低，则用小直径焊条继续填充一层后再打磨至所需要求。

2. 盖面层焊接的操作要领

（1）焊接顺序由下到上，焊道电流稍微偏小，便于控制电弧。操作时手要稳，焊接角度要正确，道与道间搭接要合理。盖面焊缝的焊道至少要有一个焊道接头，接头控制方法：电弧引燃后立即压低电弧,短弧操作并引向焊缝起点,即弧坑轮廓线摆动由窄到宽,使焊缝与弧坑轮廓线相吻合。当摆动宽度达到正常焊缝宽度时,保持下去正常焊接,如图4-18所示。要注意的是接头动作要稍快,以避免接头处过高。

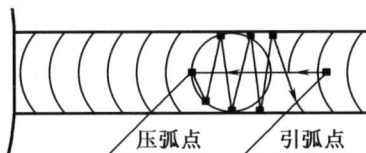

图4-18　盖面焊道接头操作示意图

焊接过程中采用短弧操作,坡口边缘处应稍做停留,观察熔池金属将边缘完全熔合0.5~2 mm。始终要注意边缘既要熔合度好,避免焊趾处产生咬边,又要符合尺寸要求。熔池要呈椭圆形,保持熔池的形状大小均匀一致。熔渣既要紧跟熔池,又要与铁水分开,使熔池始终保持清晰明亮。

（2）盖面层焊接完后焊缝表面保持原始状态,不允许打磨。

（3）在盖面过程中,推力电流无须打开,引弧电流则开到4 A左右为宜。

（五）背面清根

背面清根时用角向砂轮机打磨,不允许在试板上使用碳弧气刨,从而避免增加焊缝的碳含量。打磨至所需深度（至少要大于5 mm）并成U形,底部应圆滑过渡,不能过窄,坡口宽度应有8~14 mm,确认打底焊缝（序号1）和缺陷全部清理干净后方可进行焊接,如图4-19所示。

（六）封底焊

封底焊采用两层两道焊,为了避免接头脱节、高低差超标和接头错位,焊接过程中应采用短弧操作。在焊接第一层道后把焊缝打磨平整（图4-20）,并保证坡口边角留有不大于2 mm的余量以防咬边。在封底焊盖面时,焊至两侧坡口边缘处应稍做停留,观察熔池金属将边缘完全熔合0.5~2 mm。封底焊焊缝呈微凸弧形,焊高不允许超过盖面层焊高要求,焊完后焊缝表面保持原始状态不做打磨,如图4-21所示。

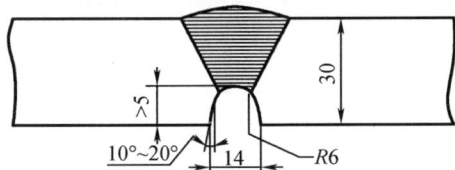

图4-19　背面清根示意图（尺寸单位:mm）

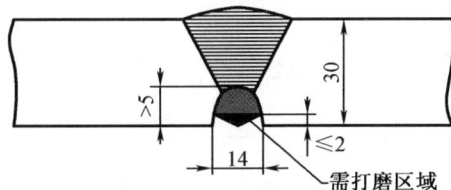

图4-20　封底焊打底示意图（尺寸单位:mm）

（七）焊道记录图、焊接参数与层温记录表填写

焊接过程中,焊接参数、层温和焊道分布图应记录到监考记录表上（表4-2和表4-3）,层间温度测三点,如图4-22所示。

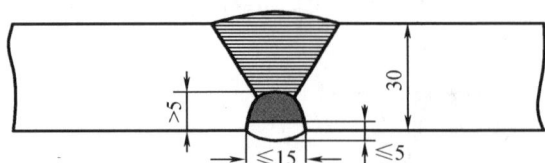

图 4-21 封底焊盖面示意图(尺度单位:mm)

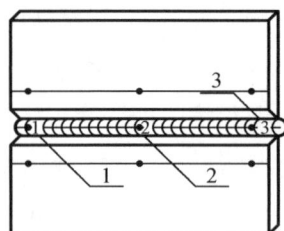

图 4-22 焊缝三点示意图

表 4-2 监考记录表 1

焊工项目考试施焊及监考记录表		施焊及监考记录表编号:JK(NS)-13-××× 考试计划编号:×××-JH-13-10	

参考焊工单位			
项目代号	HD P GW Ⅲ c t30h80 PC bs		
焊工姓名	李××	工位编号	×××-H-××
考试用焊接 工艺规程编号	GC-10-027	焊工项目 考试编号	027-A×××
考试日期	2013.08.08		
考试开始时间	09:15		
考试终止时间	16:00		
考试开始时间			
考试终止时间			

焊道 序号	焊材 规格 /mm	电流极性	电流 /A	电压 /V	焊速/ (mm·min⁻¹)	预热温度或 层间温度/℃	保护气体流量 /(L·min⁻¹)		其他
							正面	背面	
定位焊	φ3.2	直流反接	115	23.5	—	150 153 152	—	—	E9018-G
1-1	φ3.2	直流反接	115	23.5	—	160 163 159	—	—	E9018-G
2-1	φ3.2	直流反接	116	23.5	—	161 162 164	—	—	E9018-G
2-2	φ3.2	直流反接	115	23.5	—	165 167 166	—	—	E9018-G
3-1	φ4.0	直流反接	154	24	—	178 175 174	—	—	E9018-G
3-2	φ4.0	直流反接	155	24	—	172 174 175	—	—	E9018-G
3-3	φ4.0	直流反接	156	24	—	175 178 179	—	—	E9018-G
4-1	φ4.0	直流反接	155	24	—	180 181 182	—	—	E9018-G

表 4 - 2(续 1)

焊道序号	焊材规格/mm	电流极性	电流/A	电压/V	焊速/(mm·min⁻¹)	预热温度或层间温度/℃	保护气体流量/(L·min⁻¹)		其他
							正面	背面	
4 - 2	φ4.0	直流反接	156	24	—	176 175 177	—	—	E9018 - G
4 - 3	φ4.0	直流反接	155	24.5	—	177 178 177	—	—	E9018 - G
4 - 4	φ4.0	直流反接	155	25	—	187 187 189	—	—	E9018 - G
5 - 1	φ4.0	直流反接	155	24	—	161 162 164	—	—	E9018 - G
5 - 2	φ4.0	直流反接	155	24.5	—	165 167 166	—	—	E9018 - G
5 - 3	φ4.0	直流反接	155	25	—	178 175 174	—	—	E9018 - G
5 - 4	φ4.0	直流反接	155	24	—	172 174 175	—	—	E9018 - G
5 - 5	φ4.0	直流反接	155	24.5	—	175 178 179	—	—	E9018 - G
6 - 1	φ4.0	直流反接	155	25	—	180 181 182	—	—	E9018 - G
6 - 2	φ4.0	直流反接	155	24	—	176 175 177	—	—	E9018 - G
6 - 3	φ4.0	直流反接	156	24.5	—	177 178 177	—	—	E9018 - G
6 - 4	φ4.0	直流反接	155	25	—	187 187 189	—	—	E9018 - G
6 - 5	φ4.0	直流反接	158	24	—	161 162 164	—	—	E9018 - G
6 - 6	φ4.0	直流反接	155	24.5	—	165 167 166	—	—	E9018 - G
7 - 1	φ4.0	直流反接	160	24.5	—	178 175 174	—	—	E9018 - G
7 - 2	φ4.0	直流反接	155	24.5	—	161 162 164	—	—	E9018 - G
7 - 3	φ4.0	直流反接	155	25	—	165 167 166	—	—	E9018 - G
7 - 4	φ4.0	直流反接	156	24	—	178 175 174	—	—	E9018 - G
7 - 5	φ4.0	直流反接	155	24.5	—	172 174 175	—	—	E9018 - G
7 - 6	φ4.0	直流反接	158	25	—	175 178 179	—	—	E9018 - G
7 - 7	φ4.0	直流反接	155	24	—	180 181 182	—	—	E9018 - G
8 - 1	φ4.0	直流反接	160	24.5	—	176 175 177	—	—	E9018 - G
8 - 2	φ4.0	直流反接	155	25	—	177 178 177	—	—	E9018 - G
8 - 3	φ4.0	直流反接	155	24	—	187 187 189	—	—	E9018 - G
8 - 4	φ4.0	直流反接	156	24.5	—	161 162 164	—	—	E9018 - G
8 - 5	φ4.0	直流反接	155	25	—	165 167 166	—	—	E9018 - G
8 - 6	φ4.0	直流反接	158	24	—	178 175 174	—	—	E9018 - G
8 - 7	φ4.0	直流反接	155	24.5	—	172 174 175	—	—	E9018 - G
9 - 1	φ3.2	直流反接	116	23.5	—	179 180 182	—	—	E9018 - G
9 - 2	φ3.2	直流反接	115	23.5	—	182 183 185	—	—	E9018 - G
9 - 3	φ3.2	直流反接	117	23.5	—	186 188 196	—	—	E9018 - G
9 - 4	φ3.2	直流反接	115	23.5	—	186 185 197	—	—	E9018 - G

表4-2（续2）

焊道序号	焊材规格/mm	电流极性	电流/A	电压/V	焊速/(mm·min⁻¹)	预热温度或层间温度/℃	保护气体流量/(L·min⁻¹) 正面	保护气体流量/(L·min⁻¹) 背面	其他
9-5	φ3.2	直流反接	117	23.5	—	179 180 182	—	—	E9018-G
9-6	φ3.2	直流反接	115	23.5	—	182 183 185	—	—	E9018-G
9-7	φ3.2	直流反接	116	23.5	—	186 188 196	—	—	E9018-G
9-8	φ3.2	直流反接	115	23.5	—	186 185 197	—	—	E9018-G
10-1	φ4.0	直流反接	155	25	—	184 185 190	—	—	E9018-G
10-2	φ4.0	直流反接	158	25.5	—	180 186 191	—	—	E9018-G
11-1	φ3.2	直流反接	115	23.5	—	179 180 182	—	—	E9018-G
11-2	φ3.2	直流反接	116	23.5	—	182 183 185	—	—	E9018-G
11-3	φ3.2	直流反接	115	23.5	—	186 188 196	—	—	E9018-G

参考焊工（签字）：李××　　　　　　　　　　　　　　　　　　监考人（签字）：监考一号

表4-3　监考记录表2

焊工项目考试施焊及监考记录表	施焊及监考记录表编号：JK(NS)-13-×××
	考试计划编号：×××-JH-13-10

参考焊工单位		
项目代号	HD P GW Ⅲ c t30h80 PC bs	
焊工姓名	李××	工位编号 ×××-H-××
考试用焊接工艺规程编号	GC-10-027	焊工项目考试编号 027-A×××

项目				预热六点测温						层温三点测温			日期	时间
Ⅰ	Ⅱ	Ⅲ	Ⅳ	A	B	C	D	E	F	1	2	3		
				℃						℃				
√				24	24	24	24	24	24				2013.08.08	8:30
√				120	120	130	124	124	124				2013.08.08	9:00
√				150	152	150	153	155	155				2013.08.08	9:15
	√			152	153	157	152	153	157				2013.08.08	12:15
	√			150	159	157	152	155	160				2013.08.08	12:45
	√			155	155	158	159	163	160				2013.08.08	13:15
		√		200	221	206	209	232	207				2013.08.08	16:15
		√		270	279	287	282	285	260				2013.08.08	16:45
			√	355	355	358	359	350	330				2013.08.08	17:15

表 4 - 2(续)

项目				预热六点测温						层温三点测温			日期	时间
				A	B	C	D	E	F	1	2	3		
I	II	III	IV	℃						℃				
		√		430	428	438	449	450	430				2013.08.08	17:45
			√	356	359	358	359	350	330				2013.08.08	18:15

注:①I 为预热开始,II 为焊接,III 为后热开始,IV 为后热结束。
　②根据操作内容分别在项目一栏中的 I、II、III、IV 子栏中做好标记,并在后面的栏目内记录相应的规范或时间。
　③在焊前预热 30 min。沿焊缝长度方向六个测温点 A、B、C、D、E、F 进行测温。
　④每层焊缝焊接前,沿焊缝长度方向检查层间温度,对三个测温点 1,2,3 进行测温。

参考焊工(签字):李×× 　　　　　　　　　　　　　　　　　监考人(签字):监考一号

(八)后热及消除应力处理

消氢处理及焊后消除应力热处理是焊接低合金高强钢防止焊接冷裂纹的重要措施。

1. 焊后后热

后热是指焊接结束后立即对焊件的全部(或局部)进行加热或保温,使其缓冷的工艺措施。根据焊接工艺规程 GC - 10 - 027 得知,后热温度为 250 ~ 400 ℃,后热时间不少于 2 h。在焊接中断且温度降至低于最低预热温度之前,须进行以上的后热处理。

2. 消除应力热处理

根据 HD001 项目工艺规程的要求,焊后消除应力热处理的要求见表 4 - 1。

五、焊后检查

(一)焊后检查

试件检验项目、检查数量和试样数量见表 4 - 4。

表 4 - 4　试件检验项目、检查数量和试样数量

试件形式	试件厚度 /mm	检验项目				
		外观检验 /件	射线检验 /件	冷弯试验/个		
				面弯	背弯	侧弯
坡口焊缝 试件板对接	≥12	1	1	—	—	2

注:①表中外观检验试件数量即考试试件数量。
　②当试件厚度≥10 mm 时,可以用两个侧弯试样代替面弯和背弯试样。

(二)外观检验

按 HAF603 附件 2 中的 2.2 条款做外观检验。

1. HAF603 不允许缺陷

焊缝表面应保持原始状态,不得有任何修磨及补焊。焊缝表面不应有裂纹、未熔合、夹渣、气孔、焊瘤、未焊透等缺陷。

2. HAF603 允许缺陷

咬边深度≤0.5 mm，长度≤30 mm。

3. HAF603 外观检查要求

焊缝外观检查见表 4 – 5。

表 4 – 5　焊缝外观检查表

余高 /mm	余高差 /mm	比坡口每侧增宽 /mm	宽度差 /mm	焊缝边缘直线度 /mm	变形角度 θ/(°)	错边量 /mm
0～4.0	≤3	0.5～2.5	≤3	≤2	≤3	≤2

4. 民用核安全设备焊工项目考试外观检验报告

HAF603 – HD017 项目考试外观检验报告见表 4 – 6。

表 4 – 6　HAF603 – HD017 项目考试外观检验报告

报告编号：WG(NS) – 13 – 焊考 – ×××

实施计划编号	×××-13–027–××	焊工项目考试编号（试件编号）		027 – 考号
焊工姓名	李××	依据标准		HAF603 –2008
焊接方法	HD	母材牌号和规格		13MnNiMo54 300 mm×125 mm×30 mm
试件形式	板对板	焊接位置		PC
原始状态		原始		
焊缝余高		裂纹		咬边
2.5～3.0 mm		无		h≤0.5 mm；L=16 mm
焊缝余高差		未熔合		背面凹坑
0.5 mm		无		—
比坡口每侧增宽		夹渣		变形角度
1.5～2.0 mm 1.0～2.5 mm		无		1°
宽度差		气孔		错边量
1.5 mm（32～30.5 mm）		无		0.5 mm
焊缝边缘直线度		焊瘤		角焊缝凹凸度
1.5 mm		无		
背面焊缝余高		未焊透		焊脚尺寸
2.5 mm		—		
堆焊焊道高度差		堆焊凹下量		通球检验
—		—		—
堆焊焊道平面度				
外观检验结果（合格、不合格）		合格	检验日期	××××.××.××
检验人员		检验一号	证书号	××××
复审人员		检验二号	证书号	××××

（三）射线探伤

试件的无损检验应符合核安全设备Ⅰ级焊缝检验要求的规定；试件按 HAF603 附件2中的表1和2.3条款做射线探伤。

（四）冷弯检验

（1）试样按表4-4做2个侧弯试验，弯曲角度为180°。

（2）试件取样及试样标识：试样加工应符合 HAF603 的规定。

①试件取样如图4-23所示。

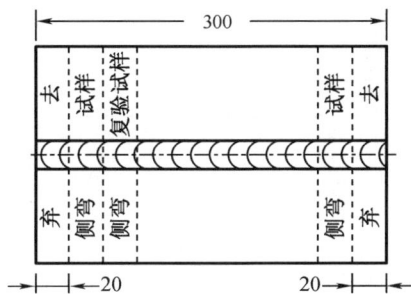

图4-23 钢板300 mm 坡口焊缝的试件取样图（尺寸单位：mm）

②试样标识如图4-24所示。

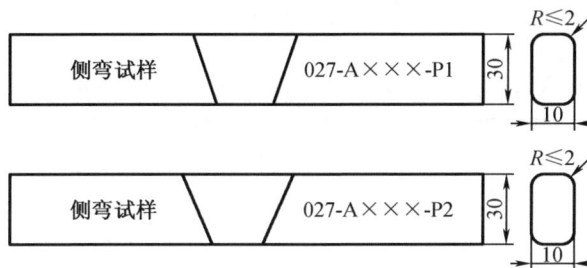

图4-24 试样标识的移植（尺寸单位：mm）

（3）弯曲检验标准（表4-7）：

①弯曲试验时，应将试样弯到使其两端平行为止，此时材料的任何部分不再受到压力。

②试件弯曲到规定的角度后，其拉伸面上不得有任何一个横向（沿试样宽度方向）裂纹或缺陷的长度不大于1.5 mm；或纵向（沿试样长度方向）裂纹或缺陷的长度不大于3 mm。试样的棱角开裂不计，但确因焊接缺陷引起试样的棱角开裂，其长度应进行评定。

③弯曲试样的试验结果均合格时，弯曲试验为合格。若其中两个以上试样不合格，不允许复验，弯曲试验为不合格。若其中一个试样不合格，允许从原试件上另取一个试样进行复验，复验合格，弯曲试验为合格。

表 4-7 弯曲检验标准

<table>
<tr><td rowspan="7">弯曲试验</td><td>试样类型</td><td>试样号</td><td>取样位置</td><td>试样尺寸
（厚 mm×宽 mm）</td><td>弯曲
角度/(°)</td><td>弯头直径
/mm</td><td>结果</td></tr>
<tr><td>侧弯</td><td>027-A×××-P1</td><td>按标准</td><td>10×30</td><td>180</td><td>46</td><td></td></tr>
<tr><td>侧弯</td><td>027-A×××-P2</td><td>按标准</td><td>10×30</td><td>180</td><td>46</td><td></td></tr>
<tr><td colspan="7">验收标准:试样弯曲后,其拉伸面上不得有任何一个横向(试样宽度方向)裂纹或缺陷的长度大于1.5 mm、纵向(试样长度方向)裂纹或缺陷的长度大于3 mm。对于堆焊试样检验区不应出现明显裂缝,单个裂纹、气孔或夹渣的长度不得大于3 mm</td></tr>
<tr><td colspan="3">试验设备:</td><td colspan="4">设备编号:</td></tr>
<tr><td colspan="3">试验员/日期:</td><td colspan="4">审核/日期:</td></tr>
</table>

六、结束语

HAF603-HD017 技能培训项目是民用核安全设备焊工培训、考试和取证基本项目之一,故学习和掌握该项目的操作技术,对于保证核电设备的焊接质量至关重要。长期的培训实践证明,本书所介绍的操作技术不仅方便焊工学习和掌握,使焊接质量好,合格率提高,而且缩短了培训周期,是一种行之有效的焊接技能操作技术。

HAF603-HD017 项目的焊接适用范围见表 4-8。

表 4-8 HAF603-HD017 项目的焊接适用范围

<table>
<tr><td>聘用单位名称</td><td colspan="2"></td><td>项目代号编号</td><td>H-×××-65</td></tr>
<tr><td>焊工项目考试合格项目代号</td><td colspan="4">HD P GW Ⅲ c t30h80PC bs</td></tr>
<tr><td>变素</td><td>代号</td><td>含义</td><td colspan="2">适用范围</td></tr>
<tr><td>焊接方法</td><td>HD</td><td>焊条电弧焊</td><td colspan="2">焊条电弧焊</td></tr>
<tr><td rowspan="2">试件形式</td><td rowspan="2">P</td><td rowspan="2">板-板接头</td><td colspan="2">P接头</td></tr>
<tr><td colspan="2">管外径:D≥150 mm 的 T 接头</td></tr>
<tr><td rowspan="2">焊缝形式</td><td rowspan="2">GW</td><td rowspan="2">P接头的对接焊缝</td><td colspan="2">GW 焊缝</td></tr>
<tr><td colspan="2">FW 焊缝</td></tr>
<tr><td>母材类别</td><td>Ⅲ</td><td>弥散强化钢</td><td colspan="2">Ⅰ、Ⅱ、Ⅲ、Ⅱ/Ⅰ、Ⅲ/Ⅱ、Ⅲ/Ⅰ</td></tr>
<tr><td>焊接材料</td><td>c</td><td>低氢型焊条</td><td colspan="2">a、b、c</td></tr>
<tr><td>焊缝金属厚度</td><td>t30 h80</td><td>焊缝金属厚度:30 mm
障碍板高:80 mm</td><td colspan="2">5~140 mm</td></tr>
<tr><td>焊接位置</td><td>PC</td><td>横焊</td><td colspan="2">PA、PB、PC</td></tr>
<tr><td>焊接要素</td><td>bs</td><td>双面焊</td><td colspan="2">单面焊带衬垫或双面焊均可</td></tr>
<tr><td>专用焊工项目考试工艺评定编号</td><td colspan="4">—</td></tr>
<tr><td>Y 类专项考试焊机型号</td><td colspan="4">—</td></tr>
<tr><td>Z 类专项考试举例名称</td><td colspan="4">—</td></tr>
</table>

第二节 低合金钢板对接仰焊位置双面焊

本节根据 HAF603 法规和核电质量保证基本要求,对核电焊条电弧焊低合金钢板对接仰焊位置双面焊技能操作项目的要点简介、焊接工艺规程、焊前准备、焊接操作方法、焊后检查等方面进行讲解。

为了叙述方便,HAF603 项目代号为 HD P GW Ⅲ c t30h100 PE bs 的低合金钢板对接仰焊位置双面焊焊条电弧焊以下均称为"HAF603 - HD019"。

一、本项目要点简介

仰焊时金属受重力作用下淌,容易造成背面焊缝内凹和根部未焊透。因此,本项目应采用多层多道不摆动直道焊。选用较小直径焊条,短弧施焊,使用碱性焊条,熔化金属与熔渣较容易分清。采用多层多道焊,能更有效地防止铁水下淌。

低合金钢的主要焊接特点是,随着强度等级的提高,热影响区(HAZ)的淬硬倾向也随着增大,有以下三方面因素:结构因素,如钢材的化学成分、品种、厚度、接头形式及焊缝尺寸等;焊接方法、焊接参数、焊接热输入及运条手法等;施焊时接头的初始温度。

低合金钢高强度结构中冷裂纹倾向产生的主要原因是:焊缝及 HAZ 的含氢量、淬硬程度、焊接接头的刚度所决定的焊接残余应力。

(一)适用范围

本教案适用于核电焊条电弧焊低合金钢板对接仰焊位置双面焊的技能培训,也可作为核电技能教师在培训学员时的教学方案。

(二)教案编写依据

(1)《民用核安全设备焊工焊接操作工资格管理规定》(HAF603)2008 年版。

(2)低合金钢板状对接焊条电弧焊仰焊位置焊接工艺规程,编号:GC - 10 - 028。

(3)适用性文件《预热、层温、后热和焊后热处理总要求》《对焊接操作的附加要求》和《焊接的总要求》。

(三)要点简介

(1)低合金钢焊接主要防气孔、夹渣、咬边、冷裂纹。

①采用多层多道焊的熔敷类型,焊条不摆动,或轻微摆动。

②做好"三磨",即焊道接头、焊道与焊道、各焊层之间,在焊接前要进行表面打磨,使金属表面干净,露出光泽,无任何缺陷。

③严格控制热输入和道间温度。

(2)注意要点:

打底:需注意两边死角和面。

填充:需注意每道的焊接顺序和盖面前一层所预留的边角。

盖面:需注意焊接规范,焊趾容易产生咬边和未熔合。

二、HAF603 – HD019 焊接工艺规程

HAF603 – HD019 项目的焊接工艺规程见表 4 – 9。

表 4 – 9　HAF603 – HD019 项目的焊接工艺规程

编号：GC – 10 – 028　Rev. C

技能考试项目代号		HD P GW Ⅲ c t30h100 PE bs		
工艺评定报告编号/依据标准/有效期		SMAW(B) – 3.3 – 5002(N) ASME1998 + 2000 补遗/长期有效	自动化程度/稳压系统/自动跟踪系统	手工焊
焊接接头			焊接接头简图(有衬垫的应标明衬垫的形式和截面尺寸)：	
坡口形式		V 形		
衬垫(材料)		—		
焊缝金属厚度		30 mm		
管子直径		—		
其他		坡口角度 60° ± 5°，装配间隙 0 ~ 3 mm，钝边 0 ~ 2 mm		
母材			填充金属	
类别号		试板：Ⅲ 障碍板：Ⅰ	焊材类型(焊条、焊丝、焊带等)	焊条
牌号		试板：13MnNiMo54 或等效的低合金钢 障碍板：Q235 或等效的碳钢	焊材型(牌)号/规格	E9018 – G ϕ3.2 mm、ϕ4.0 mm
规格		试板 2 块：300 mm × 125 mm × 30 mm 障碍板 2 块：300 mm × 119 mm × 6 mm	焊剂型(牌)号	—
焊接位置			保护气体类型/混合比/流量	
焊接位置		仰焊(PE)	正面	—
焊接方向		—	背面	—
其他			尾部	—
预热和层间温度			焊后热处理	
最低预热温度		121 ℃	温度范围	595 ~ 620 ℃
最高层间温度		250 ℃	保温时间	1 ~ 1.5 h
预热方式		天然气火炬加热	其他	最高进出炉温度：350 ℃ 最大升降温速率：55 ℃/h

表 4 - 9（续）

焊接技术				
最大热输入	$Q = [U(V) \times I(A)/V(mm/s)] \times 10 - 3 = 8.26\ kJ/mm$			
喷嘴尺寸	—	导电嘴与工件距离		—
清根方法	碳弧气刨或打磨	焊缝层数范围		≥8 层
钨极类型/尺寸	—	熔滴过渡方式		
直向焊、摆动焊及摆动方法		多道直道焊		
背面、打底及中间焊道清理方法				

焊接参数

焊层	焊接方法	焊材		焊接电流		电压范围/V	焊接速度/(cm · min^{-1})
		型(牌)号	规格/mm	极性	范围/A		
定位焊	HD	E9018 - G	ϕ3.2	直流反接	115 - 135	22 - 28	—
			ϕ4	直流反接	155 - 175		
序号1打底焊	HD	E9018 - G	ϕ3.2	直流反接	115 - 135	22 - 28	
			ϕ4	直流反接	155 - 175		
序号2填充焊	HD	E9018 - G	ϕ3.2	直流反接	115 - 135	22 - 28	
			ϕ4	直流反接	155 - 175		
序号3盖面焊	HD	E9018 - G	ϕ3.2	直流反接	115 - 135	22 - 28	
			ϕ4	直流反接	155 - 175		
序号4封底焊	HD	E9018 - G	ϕ3.2	直流反接	115 - 135	22 - 28	
			ϕ4	直流反接	155 - 175		

工艺说明	施焊操作要领
工艺说明： (1)本规程根据《民用核安全设备焊工焊接操作工资格管理规定》(HAF603)编制； (2)操作考试前，应当在主考人、监考人与焊工共同在场确认的情况下，在试件上标注焊工项目考试编号； (3)焊工可根据规程标明考试用焊条来自定规格； (4)焊接顺序：预热→装配并焊接障碍板→焊接序号1→焊接序号2→拆除障碍板→焊接序号3→反面清根→焊接序号4； (5)焊接完成后，试件按 HAF603 附件2中的表1和2.2条款做外观检验； (6)试件按 HAF603 附件2中的表1和2.3条款做射线探伤； (7)试件无损检验合格后按热处理要求进行热处理，并出具热处理报告； (8)试样按 HAF603 附件2中的表1和2.4条款做2个侧弯试验	操作要领： (1)操作考试前，参考焊工应将考试用试件坡口表面及两侧各25 mm 范围内清理干净，去除铁屑、氧化皮、油、锈和污垢等杂物。 (2)每道焊缝焊接前应检查温度，在焊接中断且温度降至低于最低预热温度之前，须进行后热处理。后热温度：200～400 ℃；最短后热时间：2 h；后热方式：天然气火炬加热。 (3)考前必须检查障碍板尺寸，尺寸不得小于规程要求。 (4)第一层焊缝中至少应当有一个停弧再焊接头。 (5)焊缝表面最后一层应保持原始状态，不允许修磨和返修

编制单位名称	

三、焊前准备

（一）试件

1. 试板材质与规格

试板:2 块　　规格:300 mm × 125 mm × 30 mm　　材质:13MnNiMo54 或等效的低合金钢

障碍板:2 块　　规格:300 mm × 119 mm × 6 mm　　材质:Q235 或等效的碳钢

2. 试件清理

必须去除表面氧化物,并且不得存在任何氧化痕迹,试板坡口两侧及背面 25 mm 范围内的油、锈、氧化皮等应清理干净,直至露出金属光泽。

3. 试件标识

在试件上标注焊工项目考试编号。

（二）工具

钳式电流电压表、数字型接触式测温仪、低应力钢印、电动角向磨光机、砂带机、敲渣锤、核电保温桶、手持式面罩、拖线板、砂轮片、焊条头回收桶、钢丝刷。

（三）防护

操作人员应穿戴工作服、工作帽、劳保鞋、口罩、耳塞、手套、防护眼镜、面罩。

（四）焊接设备已检标识及焊接工装夹具的检查

(1)启动焊机前,检查焊机各处的接线是否正确、牢固可靠,电流表和电压表应在有效期内。

(2)检查工装夹具是否齐全、可正常使用。

(3)注意引弧电流和推力电流辅助按钮的使用。

（五）文件准备

焊前需准备焊接用工艺规程、流转卡、质量计划、适用性文件和监考记录表。

（六）预热

试件放在加热平台上,对平台进行加热,达到两块试板整体加热的效果。天然气加热装置数量在两个以上时,才能保证整体加热温度的均匀。如用单个天然气加热装置进行加热,试件温度可能会不均匀,可能一半温度达到要求,另一半温度没有达到要求或超出要求。试件加热不均匀易出现冷裂纹焊接缺陷,这是不允许的,所以要模拟产品整体加热。

根据焊接工艺规程 GC – 10 – 028 得知,预热温度为 121 ~ 250 ℃,基于低合金钢材易于产生冷裂纹的特征,根据前文所述冷裂纹的形成原因,取焊接工艺规程预热温度的上限,这里推荐预热温度取上限 200 ~ 250 ℃。

试件开始预热后,应用测温仪至少每 30 min 测一次试件温度(六点测温),并将六点温度数据填写在监考记录表中。

（七）焊材的领用和核电保温桶的正确使用

1. 焊材的领用

根据规程 GC – 10 – 028,焊条选用 E9018 – G,直径 ϕ3. 2 mm 和 ϕ4. 0 mm 都适用。E9018 – G 是铁粉低氢钾型药皮、抗拉强度不低于 590 MPa 的低合金钢焊条,交直流两用,可进行全位置焊接。

焊工应凭流转卡、员工证到焊材烘焙库领取已经烘干好的焊材,放入核电保温桶中以防止焊条中的含氢氧量增加。核电保温桶应保持恒温,温度为 $100 \sim 150$ ℃。焊材的领取不能一次性领取过多,$\phi 3.2$ mm 领取 $15 \sim 20$ 根,$\phi 4.0$ mm 领取 25 根左右为宜,在领取焊材时需确认该焊材的炉批号和检验编号。

2. 核电保温桶的正确使用

核电保温桶上有检验合格标签和有效期标志,焊工应使用经过检验合格的核电保温桶。

3. 焊条的使用

戴干净的手套,从核电保温桶里拿出一根焊条后盖上盖子,防止保温桶里的焊条含氢氧量增加。E9018 – G 的焊条引弧时容易出现氮气孔,所以引弧的部分需要打磨。

4. 焊条头的回收

焊接一根焊条后,剩余的焊条头需放入回收桶内。焊条头的长度应不小于 50 mm,因为当焊接工艺参数过大时,剩余较短的焊条在高温作用下呈现红色,药皮中起造气作用的大理石等在高温下提前分解或药皮脱落,影响保护效果,易出现氮气孔等焊接缺陷。另一方面,焊条内的合金元素被严重烧损,致使接头的性能下降,强度降低。

四、焊接操作方法

仰焊是焊接位置中难度最大的一种,依靠电弧吹力和熔化金属的表面张力作用将熔化金属过渡到熔池,而焊条熔滴的重力阻碍着熔滴的过渡。熔池金属受重力作用产生下坠,使正面易产生焊瘤,背面易产生凹陷。熔池温度越高,熔池表面张力越小。因此,操作时必须采用短弧焊操作,控制熔池的体积和温度,控制焊层厚薄。熔池温度的高低、熔池存在的时间、熔池的大小、液态金属堆积的厚薄直接影响背面成形的好坏。

（一）装配与定位

首先在定位焊之前用砂轮片打磨试板的钝边,钝边取 1.5 mm,装配间隙取 $2.0 \sim 3.0$ mm,如图 4 – 25 所示。将试板背面向上平放于平台上,用钢直尺横卡于试件背面观察错边量,应使两试板处于相对平行的位置,尽量减少错边(错边量小于或等于 1.0 mm),这样可防止坡口被烧穿,也方便清根。定位焊分别在试板两端进行,每处长度 $15 \sim 20$ mm,必须焊接牢固,防止开裂,所使用的焊条和正式焊接时所使用的焊条相同。预置反变形量 $4° \sim 5°$。定位焊长度、定位焊缝厚度及预置反变形量如图 4 – 26 所示。

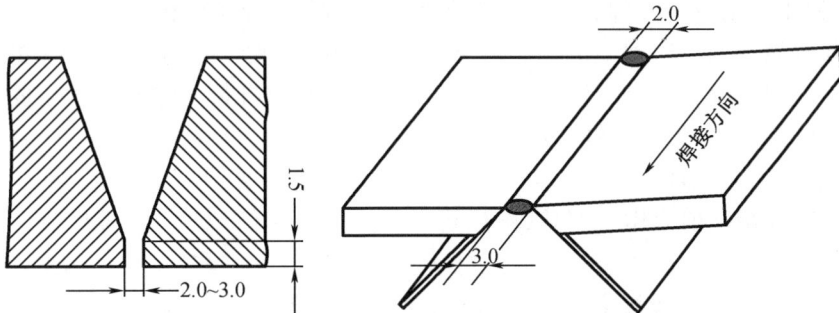

图 4 – 25　装配间隙图(尺寸单位:mm)

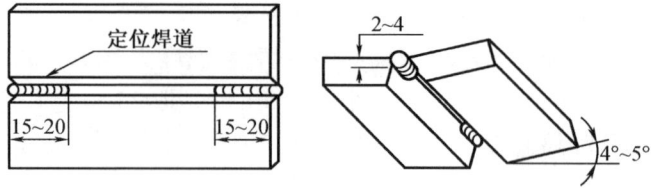

图 4 - 26　定位焊长度、定位焊缝厚度及预置反变形量（尺寸单位：mm）

　　将装配好的试件水平固定，坡口向下，间隙小的一段位于后侧，采用多层多道焊的焊接方法。

　　（二）打底层焊接操作要领

　　1. 调节电流

　　在打底过程中为了背面有良好的成形，焊机的微调旋钮引弧电流和推力电流都要使用，引弧电流调至 4~6 A 为宜，推力电流调至 4 A 左右最佳（虽然有的焊机刻度不一样，但原理相同，要随机而定）。

　　2. 打底层操作

　　首先在定位焊缝起始端引弧，并使焊条在坡口内做轻微横向快速摆动，当焊至定位焊缝尾部时，应稍做预热，将焊条向上顶一下，当听到"噗噗"声时，表明坡口根部已被熔透，第一个熔池已形成，且使熔孔向坡口两侧各深入 0.5~1.0 mm（图 4 - 27）。运条方式采用稍做横向摆动或直线往复运条，当焊条摆动到坡口两侧时，需稍做停留，使填充金属与母材熔合良好，并防止咬边。焊条与试板夹角为 90°，与焊接反方向夹角为 70°~80°，如图 4 - 28 所示。

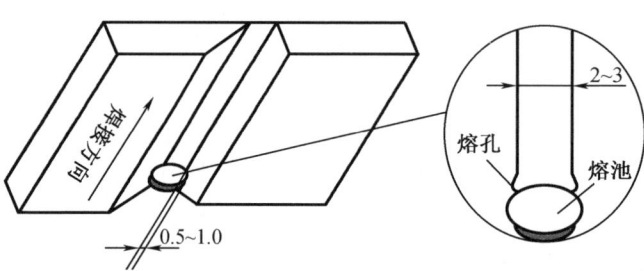

图 4 - 27　熔池示意图（尺寸单位：mm）

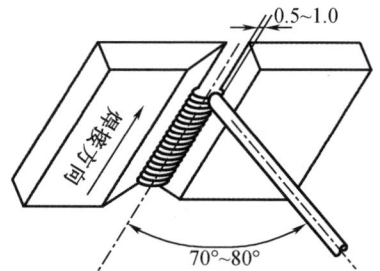

图 4 - 28　打底角度图（尺寸单位：mm）

　　焊接过程要采用短弧施焊，电弧长度控制在 3 mm 以内，利用电弧吹力把液态金属托住，并将一部分液态金属送到试件背面。为保证新熔池叠加到前一熔池的 1/2 处，焊接速度要适当加快，以减少熔池截面积，形成薄焊层，减轻焊层的自重。焊条的倾角要正确，施焊时保证焊件背面有 2/3 弧柱长度。焊层表面要平直，避免下凹。否则会给下一层焊接带来困难，易产生夹渣、未熔合等缺陷。

　　收弧时，先在熔池前方做一熔孔，然后将电弧向后带 10 mm 左右，再熄弧，并使其形成斜坡。在弧坑冷却后，用砂轮机对收弧处打磨出一个 10 mm 左右的斜坡。从停弧点后 15~20 mm 处引弧并预热，使弧坑温度逐步升高，然后将焊条顺着原先的熔孔迅速上顶，听到"噗噗"声后，稍做停顿，恢复正常手法焊接。

3. 打底焊缝完成后的几何形状、厚度及打磨要求

打底焊缝宽度不大于 10 mm,焊缝厚度不能太高,控制在 3 mm 左右,为填充层和背面清根做准备。焊完后焊缝表面成形应呈现平或凹型,若呈现凸型应打磨至微凹型,便于下一层焊接和减少夹渣出现的概率。

(三)填充层焊接操作要领

操作要点:为了控制热输入,建议采用不少于 8 层的多层多道焊,先将每层焊缝接头(道与道之间露出的小尾巴起弧焊缝)打磨干净,使其露出金属光泽,再用砂轮把焊层表面打磨平整,然后进行焊接填充。

1. 填充层焊接

焊接填充层前几层时尽量选用 $\phi3.2$ mm 的焊条,为了避免夹渣,手腕持焊条的夹角角度要做出调整,焊条与垂直面的角度约 50° 为好。焊接角度如图 4 – 29 所示。焊接时,在电弧稳定燃烧且熔滴正常过渡的情况下,采用短弧快速单道焊。焊后焊缝成形尽量平整,若成凸型应打磨平滑。

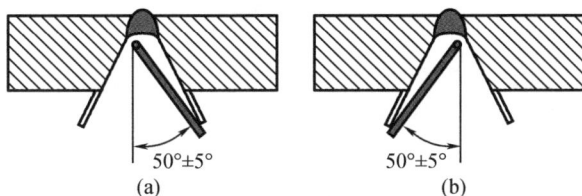

图 4 – 29　焊条角度示意图

2. 填充层多层多道焊分布

在填充层的焊接中,当一层中超过 3 道焊时,要注意焊道的分布。为了防止夹渣,第一道焊缝和第二道焊缝布置在左右两边、最终焊道收在中间较为合理,如图 4 – 30 所示。焊接工艺规程提出了控制热输入(熔焊时由焊接能源输入给单位长度焊缝上的热能)的要求,焊接时要严格控制层道数量和焊接电流范围。在小范围、微摆动、快速度焊接时,可以有效地控制热输入量。一般 30 mm 厚度的仰焊试板填充层层数至少 6 层,根据规程 GC – 10 – 028 的规定,试件焊缝填充≥8 层,除去盖面和打底各一层,填充至少在 6 层以上才能达到焊缝金属的最低填充层数。本项目的焊层分布如图 4 – 31 所示,仅供参考。

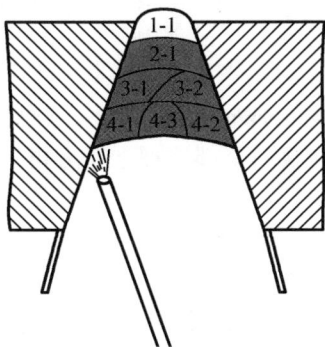

图 4 – 30　焊道分布示意图

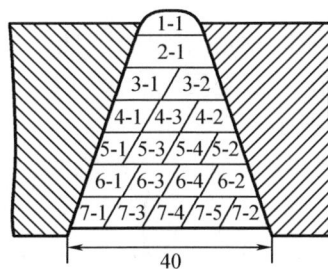

图 4 – 31　焊层分布示意图(尺寸单位:mm)

3. 填充层多道焊收弧

填充层的每层超过 3 道时,道与道间的收弧处要错开,可呈金字塔形或距离 50 mm 错开。

4. 填充层最终层焊接要点

焊接填充层 1～3 层时尽量选用直径 φ3.2 mm 的焊条,焊接后续层时焊工可根据具体情况选择焊条规格。依据每层多道的焊接原则,每层先焊两侧焊道,用砂轮把焊层表面打磨平整圆滑,再焊接中间焊道,这样可以避免边缘面待焊焊道过窄引起的夹渣。焊道与焊道之间应充分搭接,覆盖面约 1/2,边缘的上一层焊道应完全覆盖下一层边缘焊道,最后一层填充层焊完后,表面应离试板表面 0.5～1.5 mm,两侧棱边不能烧损。如果最后一层的填充焊层离两棱边过深,例如填充层距离试件表面有 2.5 mm 左右,填一层又多了,直接盖面盖不上,这时需以小直径焊条再焊一层,然后再打磨至上述所需标准。最后填充层形状略呈平整为最好,然后进行盖面层焊接(图 4-32)。

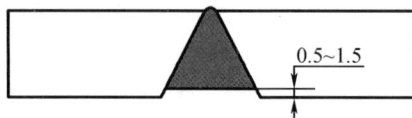

图 4-32　盖面前棱边预留示意(尺寸单位:mm)

5. 打磨

为了焊接出优质焊缝,要掌握"三磨"要领。

(四)盖面层焊接操作要领

采用从左至右的盖面顺序,建议选择直径为 φ3.2 mm 的焊条,采用短弧操作,电流稍微偏小,便于控制电弧。坡口边缘熔合 0.5～1.5 mm,避免焊趾处产生咬边。操作时手要稳,焊接角度要正确,道与道间搭接合理,盖面时焊缝的焊道至少要有一个焊道接头。盖面如图 4-33 所示。

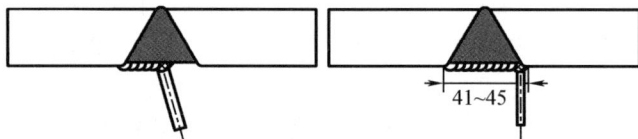

图 4-33　盖面示意图(尺寸单位:mm)

(五)背面清根

背面清根时用角向砂轮机打磨,打磨至所需深度(至少 5 mm)并成 U 形,底部应圆滑过渡,不能过窄,坡口宽度应为 8～14 mm。确认打底焊缝和缺陷全部清理干净方可进行焊接,如图 4-34 所示。

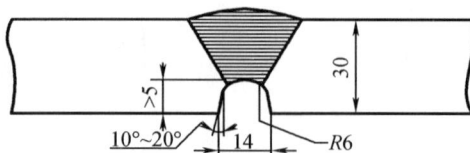

图 4-34　背面清根示意图(尺寸单位:mm)

（六）封底焊

封底焊采用两层三道焊,为了避免接头脱节、高低差超标和接头错位,焊接过程中应短弧操作不摆动。在焊接第一道后把焊缝打磨平整(图4-35),并保证坡口边角留有不大于1.5 mm的余量以防咬边。在封底焊盖面时注意观察熔池金属边缘,既要保证边缘完全熔合,又要符合尺寸要求。封底焊焊完后,焊缝呈微凸弧形,焊高不允许超过盖面层焊高,焊缝表面保持原始状态不做打磨,如图4-36所示。

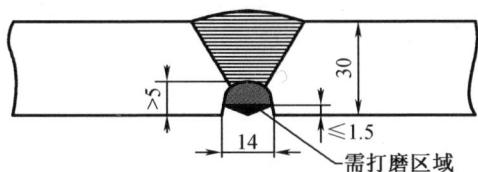

图4-35　封底焊打底示意图(尺寸单位:mm)

图4-36　封底焊盖面示意图(尺寸单位:mm)

（七）焊道记录图、焊接参数与层温记录表

焊接过程中,焊接参数、层温和焊道分布图应记录到监考记录表上(表4-10和表4-11),层间温度测三点。

表4-10　监考记录表1

焊工项目考试施焊及监考记录表		施焊及监考记录表编号:JK(NS)-13-×××		
		考试计划编号:×××-JH-13-09		
项目代号	HD P GW Ⅲ c t30h100 PE bs			
焊工姓名	罗××		工位编号	×××-H-××
考试用焊接工艺规程编号	GC-10-028		焊工项目考试编号	028-A×××
考试日期	2013.5.15			
考试开始时间	09:20			
考试终止时间	16:10	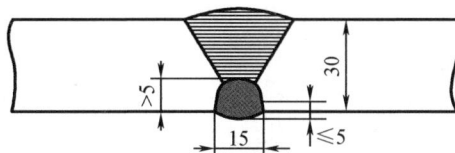		
考试开始时间				
考试终止时间				

45

表 4 - 10（续）

焊道序号	焊材规格/mm	电流极性	电流/A	电压/V	焊速/(mm·min⁻¹)	预热温度或层间温度/℃	保护气体流量/(L·min⁻¹)		其他
							正面	背面	
定位焊	$\phi 3.2$	直流反接	115	23.5	—	152 153 157	—	—	E9018 - G
1 - 1	$\phi 3.2$	直流反接	115	23.5	—	162 163 167	—	—	E9018 - G
2 - 1	$\phi 3.2$	直流反接	113	24	—	161 162 164	—	—	E9018 - G
3 - 1	$\phi 3.2$	直流反接	115	23.5	—	165 167 166	—	—	E9018 - G
3 - 2	$\phi 3.2$	直流反接	115	23.5	—	178 175 174	—	—	E9018 - G
4 - 1	$\phi 4.0$	直流反接	156	24.5	—	172 174 175	—	—	E9018 - G
4 - 2	$\phi 4.0$	直流反接	155	24	—	175 178 179	—	—	E9018 - G
4 - 3	$\phi 4.0$	直流反接	154	24	—	180 181 182	—	—	E9018 - G
5 - 1	$\phi 4.0$	直流反接	155	24	—	176 175 177	—	—	E9018 - G
5 - 2	$\phi 4.0$	直流反接	157	25	—	177 178 177	—	—	E9018 - G
5 - 3	$\phi 4.0$	直流反接	155	23	—	187 187 189	—	—	E9018 - G
5 - 4	$\phi 4.0$	直流反接	156	24	—	190 193 196	—	—	E9018 - G
6 - 1	$\phi 4.0$	直流反接	155	24.5	—	164 166 169	—	—	E9018 - G
6 - 2	$\phi 4.0$	直流反接	153	24	—	172 174 175	—	—	E9018 - G
6 - 3	$\phi 4.0$	直流反接	155	24.5	—	178 178 180	—	—	E9018 - G
6 - 4	$\phi 4.0$	直流反接	154	25	—	181 183 185	—	—	E9018 - G
7 - 2	$\phi 4.0$	直流反接	155	24.5	—	167 169 173	—	—	E9018 - G
7 - 3	$\phi 4.0$	直流反接	115	23.5	—	173 176 178	—	—	E9018 - G
7 - 4	$\phi 4.0$	直流反接	113	24	—	175 177 179	—	—	E9018 - G
7 - 5	$\phi 4.0$	直流反接	115	23.5	—	180 184 188	—	—	E9018 - G

参考焊工（签字）：罗××　　　　　　　　　　　　　　　　监考人（签字）：监考一号

表 4 - 11　监考记录表 2

焊工项目考试施焊及监考记录表	施焊及监考记录表编号：JK（NS）- 13 - ×××
	考试计划编号：××× - JH - 13 - 09

参考焊工单位			
项目代号	HD P GW Ⅲ c t30h100 PE bs		
焊工姓名	罗××	工位编号	××× - H - ××
考试用焊接工艺规程编号	GC - 10 - 028	焊工项目考试编号	028 - A×××

表 4 – 11（续）

项目				预热六点测温						层间温度三点测温			日期	时间
I	II	III	IV	A	B	C	D	E	F	1	2	3		
				℃						℃				
√				30	30	30	30	30	30				2013.5.15	8:30
√				120	120	130	124	124	124				2013.5.15	9:00
√				170	175	177	178	178	180				2013.5.15	9:15
	√			152	153	157	152	153	157				2013.5.15	12:15
	√			150	159	157	152	155	150				2013.5.15	12:45
	√			155	155	158	159	150	153				2013.5.15	13:15
		√		252	256	259	259	262	267				2013.5.15	16:15
		√		270	279	287	282	285	260				2013.5.15	16:45
		√		355	355	358	359	350	330				2013.5.15	17:15
		√		330	328	338	340	340	345				2013.5.15	17:45
			√	356	359	358	359	350	330				2013.5.15	18:15

注:①I 为预热开始,II 为焊接,III 为后热开始,IV 为后热结束。

　②根据操作内容分别在项目一栏中的 I 、II 、III 、IV 子栏中做好标记,并在后面的栏目内记录相应的规范或时间。

　③在焊前预热 30 min。沿焊缝长度方向六个测温点 A、B、C、D、E、F 进行测温。

　④每层焊缝焊接前,沿焊缝长度方向检查层间温度,对三个测温点 1,2,3 进行测温。

参考焊工(签字):罗×× 　　　　　　　　　　　　　　　　　　　　　监考人(签字):监考一号

（八）后热及消除应力热处理

1. 焊后后热

消氢处理及焊后热处理是焊接低合金高强钢防止焊接冷裂纹的重要措施。后热常用于焊前预热温度不足,或预热温度过高操作者无法施焊,或因过高的预热温度而引起较大的附加热应力而增加了冷裂纹倾向。根据规程 GC – 10 – 028 得知,后热温度为 250 ~ 400 ℃,最短后热时间为 2 h。在焊接中断且温度降至低于最低预热温度之前,须进行以上的后热处理。

2. 消除应力热处理

根据 HAF603 – HD019 项目工艺规程的要求,焊后消除应力热处理的要求见表 4 – 9。

五、焊后检查

（一）试件的检验项目、检查数量和试样数量

焊工、焊接操作工操作技能考试试件的检验项目、检查数量和试样数量见表 4 – 12,每个试件应先进行外观检验,合格后再进行其他项目检验。

表 4 - 12　试件检验项目、检查数量和试样数量

试件形式	试件厚度 /mm	检验项目				
		外观检验 /件	射线检验 /件	冷弯试验/个		
				面弯	背弯	侧弯
坡口焊缝 试件板对接	≥30	1	1	—	—	2

注:①表中外观检验试件数量即考试试件数量。

②当试件厚度≥10 mm 时,可以用 2 个侧弯试样代替面弯和背弯试样。

(二)外观检验

试件按 HAF603 附件 2 中的 2.2 条款做外观检验。

(1)HAF603 不允许缺陷:焊缝表面应保持原始状态,不得有任何修磨及补焊。焊缝表面不应有裂纹、未熔合、夹渣、气孔、焊瘤、未焊透等缺陷。

(2)HAF603 允许缺陷:咬边深度≤0.5 mm,长度≤30 mm。

(3)HAF603 焊缝外观检查见表 4 - 13。

表 4 - 13　焊缝外观检查表

余高 /mm	余高差 /mm	比坡口每侧增宽 /mm	宽度差 /mm	焊缝边缘直线度 /mm	变形角度 $\theta/(°)$	错边量 /mm
0 ~ 4.0	≤3	0.5 ~ 2.5	≤3	≤2	≤3	≤2

板状试件焊后变形角度 θ≤3°,试件的错边量不得大于 10% T(T 为试件的厚度),且≤2 mm。

一个考试项目的所有试件外观检验的结果均符合表 4 - 13 的各项要求,该项试件的外观检验为合格,否则为不合格。

HAF603 - HD019 项目培训的每块焊接件完成后,都应按 HAF603 标准填写"项目考试外观检验报告",准确记录培训过程中的不足,快速提高焊工技能水平。项目考试外观检验报告见表 4 - 14。

表 4 - 14　项目考试外观检验报告

报告编号:WG(NS) - 13 - 焊考 - × × ×

实施计划编号	× × × - 13 - 028 - × ×	焊工项目考试编号(试件编号)	028 - 考号
焊工姓名	李 × ×	依据标准	HAF603 - 2008
焊接方法	HD	母材牌号和规格	SA508 - 3 300 mm × 125 mm × 30 mm
试件形式	板 - 板对接	焊接位置	PE
原始状态		原始	
焊缝余高	裂纹		咬边
2.5 ~ 3.0 mm	无		h≤0.5 mm;L = 18 mm

表 4 – 14（续）

焊缝余高差	未熔合	背面凹坑
0.5 mm	无	–
比坡口每侧增宽	夹渣	变形角度
1.5~2.0 mm 1.0~2.5 mm	无	1°
宽度差	气孔	错边量
1.5 mm(36~34.5 mm)	无	0.5 mm
焊缝边缘直线度	焊瘤	角焊缝凹凸度
1.5 mm	无	—
背面焊缝余高	未焊透	焊脚尺寸
2.5 mm	—	—
堆焊焊道高度差	堆焊凹下量	通球检验
—	—	—
堆焊焊道平面度		
—		
外观检验结果（合格、不合格）	合格	检验日期	×××.××.××
检验人员	监考一号	证书号	××××
复审人员	监考二号	证书号	××××

（三）射线探伤

试件的无损检验应符合核安全设备Ⅰ级焊缝检验要求的规定；试件按 HAF603 附件 2 中的表 1 和 2.3 条款做射线探伤。

（四）弯曲检验

弯曲检验试样按 HAF603 附件 2 中的表 1 和 2.4 条款做 2 个侧弯试验。

六、结束语

HAF603 – HD019 技能培训项目是民用核安全设备焊工培训、考试和取证基本项目之一，故学习和掌握该项目的操作技术，对于保证核电设备的焊接质量至关重要。长期的培训实践证明，本书所介绍的操作技术不仅方便焊工学习和掌握，使焊接质量好，合格率提高，而且缩短了培训周期，是一种行之有效的焊接技能操作技术。

HAF603 – HD019 项目的焊接适用范围见表 4 – 15。

表 4 – 15　HAF603 – HD019 项目的焊接适用范围

聘用单位名称			项目代号编号	H – × × × –66
焊工项目考试 合格项目代号	HD P GW Ⅲ c t30h100 PE bs			
变素	代号	含义	适用范围	
焊接方法	HD	焊条电弧焊	焊条电弧焊	
试件形式	P	板 – 板接头	P 接头	
			管外径:D≥500 mm 的 T 接头	
焊缝形式	GW	P 接头的对接焊缝	GW 焊缝	
			FW 焊缝	
母材类别	Ⅲ	弥散强化钢	Ⅰ、Ⅱ、Ⅲ、Ⅱ/Ⅰ、Ⅲ/Ⅱ/Ⅱ、Ⅲ/Ⅰ	
焊接材料	c	低氢型焊条	a、b、c	
焊缝金属厚度	t30 h100	焊缝金属厚度:30 mm 障碍板高:100 mm	焊缝金属厚度:5～160 mm	
焊接位置	PE	仰焊	PA、PB、PC、PD、PE、PF(板)	
焊接要素	bs	双面焊	带衬垫单面焊或双面焊	
专用焊工项目考试工艺评定编号			—	
Y 类专项考试焊机型号			—	
Z 类专项考试举例名称			—	

第三节　奥氏体不锈钢板对接立向上双面焊

本节根据 HAF603 法规和核电质量保证基本要求,按奥氏体不锈钢板对接立向上双面焊焊条电弧焊项目的要点简介、焊接工艺规程、常见焊接缺陷产生原因及解决方法、焊前准备、焊接操作方法、焊后检查等方面进行讲解。

为了叙述方便,HAF603 项目代号为 HD P GW Ⅵ c t30h80 PF bs 的奥氏体不锈钢板对接立向上双面焊焊条电弧焊以下均称为"HAF603 – HD015"。

一、本项目要点简介

奥氏体不锈钢组织无淬硬性,因此焊接性良好,焊接时无须采用特殊工艺,一般的熔焊方法,如焊条电弧焊、埋弧焊、惰性气体保护焊、等离子弧焊等,均可获得优质的焊接接头。但是,如果焊接填充材料选用不当或工艺不正确,也有可能产生晶间腐蚀、焊接热裂纹、475 ℃脆性和 σ 相脆化等缺陷。奥氏体不锈钢因其化学成分复杂、焊接结构多样化及所采用的壁厚、接头形式、焊接方法等的不同,表现出不同的焊接特点。

（一）适用范围

本教案适用于核电奥氏体不锈钢板对接立向上位置焊条电弧焊的技能培训,也可作为核电技能教师在培训学员时的教学方案。

（二）教案编写依据

（1）《民用核安全设备焊工焊接操作工资格管理规定》（HAF603）2008 年版。

（2）奥氏体不锈钢板状对接焊条电弧焊立向上焊焊接工艺规程,编号:GC - 11 - 084。

（3）适用性文件《预热、层温、后热和焊后热处理总要求》《对焊接操作的附加要求》和《焊接的总要求》。

（三）不锈钢的分类

根据不锈钢的定义及耐腐蚀机理,不锈钢主要有 Cr - Fe 二元合金系和 Cr - Ni - Fe 三元合金系两类,焊接用不锈钢主要是马氏体不锈钢、铁素体不锈钢和奥氏体不锈钢等。

1. 马氏体不锈钢

顾名思义,马氏体不锈钢是指室温下的组织为马氏体的不锈钢,代表的钢材牌号有 1Cr13、4Cr13 等。由于马氏体不锈钢铬含量较少,因此在恶劣的环境下耐腐蚀性能稍差,主要用于汽轮机叶片和医疗设施。

2. 铁素体不锈钢

铁素体不锈钢含铬量较高,室温下是铁素体组织,不能通过淬火获得硬化。这类钢相比马氏体不锈钢的耐腐蚀性能更高,抗氧化性能更强,特别是在硝酸中具有高的化学稳定性,因此被广泛用于硝酸厂的化工设备,如交换器、吸收塔、运输硝酸的储罐等,代表牌号有 1Cr17、0Cr17Ti。

3. 奥氏体不锈钢

奥氏体不锈钢室温下的组织为奥氏体,系 Cr - Ni - Fe 合金系不锈钢,与一般的 Cr - Fe 合金系不锈钢相比,具有更好的耐腐蚀性能、力学性能和焊接性,使用范围更广。在铬镍不锈钢的基础上添加其他元素,如钼、铜,可增强钢对还原性酸如稀硫酸的耐腐蚀性能,添加钛和铌,可提高钢的抗晶间腐蚀能力。

4. 奥氏体 - 铁素体不锈钢

该类钢实质上是一种双相不锈钢,是在奥氏体不锈钢基础上,为提高钢材的抗晶间腐蚀能力和焊接性,加入少量的其他元素而形成的,一般组织中含有低于 10% 的铁素体组织,它的塑性、冷变形能力不及奥氏体不锈钢,主要用于制造有一定耐腐蚀要求的压力容器、结构等,代表牌号有 18 - 8。

5. 沉淀硬化不锈钢

沉淀硬化不锈钢具有较好的耐蚀性和较高的强度,同时具有良好的加工性和焊接性,主要用于强度要求较高的结构,如航空、火箭和飞行器的制造,常用牌号有 0Cr17Ni4Cu4Nb。

（四）要点简介

（1）焊条电弧焊是焊接奥氏体不锈钢的传统焊接方法,具有灵活、不受焊接位置的限制以及焊接质量可以保证等优点;缺点是生产效率低,工作强度大,焊接工艺参数波动大。奥氏体不锈钢的立焊要注意热输入的控制,因为熔池金属受重力的作用有下垂的倾向,焊接时要使用小的焊接规范参数,即小电流、快速度、微摆动、多层多道。

（2）奥氏体不锈钢焊接主要防气孔、晶间腐蚀和热裂纹。立焊时,要严格控制好焊条角度和进行短弧操作。

①采用多层多道焊的熔敷类型,焊条要摆动,摆动幅度不能超过焊芯直径的三倍。

②做好"三磨",即焊道接头、焊道与焊道、各焊层之间在焊接前应进行表面打磨,使金属表面干净,露出光泽,无任何缺陷。

③严格控制热输入和道间温度。经验告诉我们,要做到焊后每条焊缝的颜色为金黄色或银白色,不能变成蓝色、黑色或深灰色。

(3)注意要点:

打底:需注意两边死角和熔孔大小。

填充:需注意每道的焊接顺序和盖面前一层所预留的边角。

盖面:需注意焊接规范,焊趾处容易产生咬边和未熔合。

二、HAF603 – HD015 焊接工艺规程

HAF603 – HD015 项目的焊接工艺规程见表 4 – 16。

表 4 – 16　HAF603 – HD015 项目的焊接工艺规程

编号:GC – 11 – 084　Rev. D

技能考试项目代号	HD P GW Ⅵ c t30h80 PF bs		
工艺评定报告编号/ 依据标准/有效期	SMAW(B) – 8.8 – ×××(N) ASME 1998 + 2000 补遗/ 长期有效	自动化程度/稳压 系统/自动跟踪系统	手工
焊接接头		焊接接头简图(有衬垫的应标明衬垫的形式和截面尺寸):	
坡口形式	V 形		
衬垫(材料)	—		
焊缝金属厚度	30 mm		
管子直径	—		
其他	坡口角度 60° ± 5°,装配间隙 0 ~ 3 mm,钝边 0 ~ 2 mm		
母材		填充金属	
类别号	试板:Ⅵ 障碍板:Ⅵ	焊材类型 (焊条、焊丝、焊带等)	焊条
牌号	试板:SA240 T304 或等效材料 障碍板:SA240 T304 或等效材料	焊材型(牌)号/规格	E308L – 15/ E308L – 16 φ3.2 mm、φ4.0 mm

表 4 – 16（续 1）

母材			填充金属	
规格	试板 2 块：300 mm×125 mm×30 mm 障碍板 2 块：300 mm×98 mm×6 mm		焊剂型（牌）号	—
焊接位置			保护气体类型/混合比/流量	
焊接位置	立焊（PF）		正面	—
焊接方向	向上		背面	—
其他	—		尾部	—
预热和层间温度			焊后热处理	
最低预热温度	5 ℃		温度范围	—
最高层间温度	177 ℃		保温时间	—
预热方式	—		其他	—

焊接技术				
最大热输入	$Q=[U(V)\times I(A)/V(mm/s)]\times 10-3=6.2\ kJ/mm$			
喷嘴尺寸	—		导电嘴与工件距离	—
清根方法	打磨		焊缝层数范围	≥6 层
钨极类型/尺寸	—		熔滴过渡方式	—
直向焊、摆动焊及摆动方法		横向摆动范围不得超过焊条直径的三倍		
背面、打底及中间焊道清理方法		刷理或打磨		

焊接参数

焊层	焊接方法	焊材		焊接电流		电压范围/V	焊接速度/(cm·min⁻¹)
		型（牌）号	规格/mm	极性	范围/A		
定位焊	HD	E308L – 15	φ3.2	直流反接	90 ~ 115	—	
			φ4	直流反接	115 ~ 155		
序号 1	HD	E308L – 15	φ3.2	直流反接	90 ~ 115	—	
			φ4	直流反接	115 ~ 155		
序号 2	HD	E308L – 15	φ3.2	直流反接	90 ~ 115	—	—
			φ4	直流反接	115 ~ 155		
序号 3	HD	E308L – 15	φ3.2	直流反接	90 ~ 115	—	
			φ4	直流反接	115 ~ 155		
序号 4	HD	E308L – 15	φ3.2	直流反接	90 ~ 115	—	
			φ4	直流反接	115 ~ 155		

表 4 – 16(续 2)

工艺说明	施焊操作要领
工艺说明: (1)本规程根据《民用核安全设备焊工焊接操作工资格管理规定》(HAF603)编制; (2)操作考试前,应当在主考人、监考人与焊工共同在场确认的情况下,在试件上标注焊工项目考试编号; (3)焊工可根据规程标明考试用焊条来自定规格; (4)焊接完成后,试件按 HAF603 附件 2 中的表 1 和 2.2 条款做外观检验; (5)试件按 HAF603 附件 2 中的表 1 和 2.3 条款做射线探伤; (6)试样按 HAF603 附件 2 中的表 1 和 2.4 条款做 2 个侧弯试验	操作要领: (1)操作考试前,参考焊工应将坡口表面及两侧清理干净,去除铁屑、氧化皮、油、锈和污垢等杂物; (2)考前必须检查障碍板尺寸,尺寸不得小于规程要求,装配角度必须和试件坡口角度一致; (3)每道焊缝焊接前应检查温度; (4)焊接开始后,不得改变焊接位置; (5)第一层焊缝中至少应当有一个停弧再焊接头; (6)焊接表面焊道(序号 3)时应拆除障碍板; (7)焊缝表面最后一层应保持原始状态,不允许修磨和返修
编制单位名称	

三、常见焊接缺陷产生原因及解决方法

(一)气孔

1. 产生部位

主要产生在焊缝接头引弧处,焊接中有时也可能出现。气孔一般分为三种,即氢气孔、氮气孔和一氧化碳气孔。氢气孔呈现针状,氮气孔呈现密集状,一氧化碳气孔呈现条虫状。奥氏体不锈钢焊接多出现氮气孔和氢气孔。

2. 解决方法

清理坡口及其周围的油、锈和其他杂质,焊条严格按要求烘干,采用短弧操作,掌握合适的焊条角度,严格按照本教案规定的焊缝接头和引弧操作技术,选择合适的焊接规范,不推荐使用大的焊接电流。

(二)夹渣

1. 产生部位

存在于各层焊道与母材的交接处。

2. 解决方法

首先要彻底清除前一焊道的熔渣,每层焊缝道与道搭接量不小于 1/3 的覆盖面,施焊时电流不宜过小,以避免熔渣上浮困难。保持正确的焊条角度,保证每层焊道与坡口两侧圆滑过渡。

(三)咬边

1. 产生部位

产生于焊缝焊趾处。

2. 解决方法

焊接时手要平稳,掌握好焊条角度,正确选择焊接规范,焊接电流不宜过大,电弧不能过长。

（四）缩孔

在铸件最后凝固的地方有时会出现一些孔洞,大而集中的孔洞称为缩孔。缩孔缺陷一般存在于铸件中,焊接缺陷中没有这种叫法,但在焊接过程中由于操作不当,会经常发生缩孔缺陷,所以还是要提出来。

焊接结束时,焊工操作收弧过快,铁水供给不足,液态金属凝固过程中由于体积收缩会形成孔洞。防止缩孔产生的条件是合金在恒温或很小的温度范围内结晶。纯金属、接近共晶成分的合金易产生缩孔的行貌特征:形状不规则,孔壁粗糙,缺陷内部由夹渣、气孔、裂纹组成。

1. 产生部位

收弧的弧坑处。

2. 解决方法

收弧时使熔池温度渐渐降低,将熔池由慢到快引向后方的坡口一侧约20 mm 处收弧,用角向磨光机打磨至无缩孔。

（五）未熔合

1. 产生部位

主要产生于盖面层焊道与母材结合处。

2. 解决方法

适当摆动焊条,在坡口边缘处做必要的停留,始终注意观察熔池金属,一定要将坡口的边缘熔合 1～2 mm。

（六）晶间腐蚀

晶间腐蚀的根本原因是碳化铬（$Cr_{23}C_6$）析出造成晶间贫铬。其机理是碳在奥氏体中的溶解度随着焊接温度的降低而减少,室温下溶解度只有 0.02%（一般 18－8 钢的含碳量约为 0.08%）,故碳在奥氏体中处于过饱和状态,这是一种不稳定状态。当经受 450～850 ℃ 敏化温度区间的热作用时,过饱和碳就会优先与晶粒边界的铬形成碳化铬,而此时铬难以由晶内向晶界补充,从而使晶界处含铬量大大降低,晶界失去了耐腐蚀能力。

解决方法:

（1）不锈钢成分设计上。

应根据设备使用条件（工作压力、介质、温度）及抗晶间腐蚀的要求等,选择含碳量少和含有一定量可形成强碳化物稳定化元素的钢材。

（2）添加稳定剂。

在焊丝或焊条药皮中尽量降低含碳量,添加足够的 Ti 或 Nb 等与 C 的亲和力比 Cr 强的元素,能够与碳结合成稳定的碳化物,从而避免在奥氏体晶界造成贫铬,对提高抗晶界腐蚀能力能起到良好的作用。常用的奥氏体不锈钢材和焊接材料都含有 Ti 或 Nb,如 1Cr18Ni9Ti、1Cr18Ni12Mo2Ti 钢材、H0Cr20Ni10Ti 等。

（3）进行固溶处理。

其方法是焊后把焊接接头加热到 1 050～1 100 ℃,此时碳又重新溶入奥氏体中,然后迅速冷却,稳定了奥氏体组织。另外,也可以进行850～900 ℃保温 2 h 的稳定化热处理,此时奥氏体晶粒内部的铬逐步扩散到晶界,晶界处的铬又重新恢复到大于 12%,这样就不会产生晶界腐蚀。

(4)采用双相组织。

在焊缝中加入铁素体形成元素,如 Cr、Si、Al、Mo 等,以使焊缝形成奥氏体 + 少量铁素体的双相组织。双相组织中奥氏体的碳浓度较大,碳原子有向铁素体扩散的趋势,而铁素体中铬浓度较大,Cr 就有向奥氏体中扩散的趋势。奥氏体中的碳和铁素体中的 Cr 都向两相交界处扩散,由于 C 的扩散速度很大,有可能碳原子首先从奥氏体越过边界与 Cr 形成碳化铬;又由于 Cr 在铁素体里的扩散速度要比在奥氏体中快得多,所以一旦在晶界处出现贫铬层,Cr 能够较快地从铁素体内部得到补充,从而使贫铬层消失。

(5)适当减小焊接热输入。

可采用小的焊接电流、较快的焊接速度、短弧焊,避免熔池过热。操作时焊条不宜做横向摆动,尽量减少母材过热。一次焊成的焊缝不宜过宽(不超过焊条直径的 3 倍);多层多道焊时,应等到前一层焊缝冷却到 60～100 ℃时再焊接下一层,以尽量减少焊接接头在危险温度区域的停留时间。

(6)强制焊接区快速冷却。

对于规则的焊缝,在可能的条件下,焊缝背面可用纯铜垫,在纯铜垫上可以通水通保护气。对于一些不规则的长焊缝,可以一面施焊一面用水冷(浇)焊缝,以水不侵入焊接熔池为准,同样也可以起到减少晶间腐蚀的作用。

(7)合理安排焊接顺序。

对于稳定化奥氏体不锈钢(例如 18 - 8 含 Ti 和 Nb),为防止刀状腐蚀的产生还应注意合理安排焊接顺序。这是因为刀状腐蚀除产生于焊后在敏化温度再次受热外,在多层焊和双面焊时,后一条焊缝的热作用可能对先焊焊缝的过热区起到敏化温度加热的作用。为此,双面焊缝中与腐蚀介质接触的一面焊缝应尽可能最后焊接,焊缝布局上应尽量避免交叉焊缝,减少焊缝接头。若与腐蚀介质接触的焊缝无法最后焊接时,则应调整焊接参数,使后焊焊缝的敏化区不要与第一面焊缝表面的过热区重合。

(8)焊接操作人员不得在焊件上随便引弧或熄弧,地线与焊件应紧密接触,以免损伤焊件表面,影响耐腐蚀性能。

(七)热裂纹

单相奥氏体组织的不锈钢焊接接头易发生焊接热裂纹,这种裂纹是在高温状态下形成的。常见的裂纹形式有弧坑裂纹、热影响区裂纹和纵向裂纹。就裂纹的物理本质而言,热裂纹有凝固裂纹、液化裂纹和高温低塑性裂纹等。

奥氏体不锈钢焊接接头热裂纹的产生原因有:

(1)奥氏体不锈钢的热导率不到低碳钢的 1/3,而线膨胀系数却大得多,所以焊后在接头中会产生较大的焊接应力。

(2)奥氏体钢的品种多,母材及焊缝的合金组成比较复杂,含镍量高的合金对硫和磷形成易熔共晶更为敏感。某些钢中的硅和铌等元素,也能形成有害的易熔晶间层。

(3)奥氏体结晶的枝晶方向性强,易造成有害杂质的偏析及晶间液态夹层的形成。

(4)奥氏体不锈钢的液、固相线距离较大,结晶时间较长,杂质偏析现象较严重。

奥氏体不锈钢焊接时热裂纹的防止措施有:

(1)形成双相组织。焊缝金属中增添一定数量的铁素体组织,使焊缝成为奥氏体 - 铁素体双相组织,能有效地防止焊缝热裂纹的产生。双相组织的焊缝比单相奥氏体组织的焊缝具有较高的抗热裂纹能力,这是由于铁素体能够溶解较多的硫、磷等微量元素,使其在晶界上的含量大大降低,同时奥氏体晶界上的低熔点杂质被铁素体分散和隔开,避免了低熔点杂质呈连续网状分布,从而阻碍热裂纹的扩展和延伸。常用以促进铁素体形成的元素有铬、钼、钒等。

(2)控制焊缝金属中的铬镍比。对于 18 - 8 型奥氏体不锈钢来说,当焊接材料中的铬镍比小于 1.6 时,易产生热裂纹;而铬镍比达到 2.3 ~ 3.2 时,可防止热裂纹的产生。

(3)控制和减少焊缝中的有害元素。在焊缝金属中严格限制硼、硫、磷、硒等有害元素的含量,可防止热裂纹的产生。对于不允许存在铁素体的纯奥氏体焊缝,可以加入适量的锰,少许的碳、氮,同时减少硅的含量。

(4)采用碱性焊条和无氧焊剂,以防止热裂纹的产生。

(5)选用小的焊接热输入,即小电流、快焊速。多层焊时,要等前一层焊缝冷却后再焊接次一层焊缝,层间温度不宜高,以避免焊缝过热。施焊过程中焊条不允许摆动,收弧时,尽量填满弧坑。

(6)采用适当的焊接坡口或焊接方法,使母材金属在焊缝金属中所占的比例减少(即小的熔合比),如采用氩弧焊打底等工艺。

(7)选择合理的焊接结构、焊接接头形式和焊接顺序,尽量减少焊接应力。

(八)σ 相脆化

一些含镍量不是特别高的奥氏体不锈钢,特别是为了提高焊缝抗热裂性,通常铁素体体积分数设计在 3% ~ 5% 的焊缝,在 650 ~ 850 ℃ 高温持续工作的过程中,会发生 σ 相的脆化。σ 相多半分布在晶界上,使焊缝金属严重脆化。σ 相脆化是奥氏体钢焊缝高温脆化的一种表现,它会使焊缝的塑性、韧性及持久强度等大大降低。

不同钢号析出 σ 相的敏感温度区间是不同的,例如 0Cr25Ni20 奥氏体不锈钢,在温度低于 800 ℃ 时,σ 相析出缓慢;当温度高于 900 ℃ 时,σ 相就不会被析出;对于 18 - 8 型奥氏体不锈钢,当温度超过 850 ℃ 时,σ 相就不会析出。含镍量很高的稳定纯奥氏体钢很少有 σ 相的脆化,因此可以长期工作。

奥氏体不锈钢焊接时,防止 σ 相脆化的主要措施有:

(1)选择焊接材料时,不能只考虑为防止热裂纹而使焊缝出现多量的铁素体组织,同时还要严格限制焊接材料中加速 σ 相形成的元素,如钼、硅、铌等,适当降低含铬量,提高镍含量。

(2)选用小的焊接热输入:小电流,快焊速,多道直道不摆动焊。

(九)焊接变形与收缩

奥氏体不锈钢与碳钢相比,在物理性能上有很大差异。奥氏体不锈钢在焊接过程中会产生较大的变形和焊后收缩,有些奥氏体不锈钢对接接头焊后收缩,已成为焊接工艺中的主要问题之一。

1. 不锈钢焊后产生变形和收缩的主要原因

(1)不锈钢电阻是碳钢的 5 倍,在同样的焊接电流、电弧电压条件下,热输入更多。同时不锈钢热导率低,约为碳钢的 1/3,导致热量传递速度缓慢,热变形增大。

(2)有些不锈钢的线膨胀系数比碳钢大 40% 左右,更容易引起加热时热膨胀量和冷却时冷收缩量的增加。

2. 不锈钢防止焊后产生变形和收缩的主要措施

（1）对接接头的焊接构件应留有足够的收缩余量，以防止构件焊后产生变形和收缩。

（2）合理选择焊接参数、焊接顺序。

（3）能熟练掌握的焊接操作技术。

四、焊前准备

（一）试件

1. 试件材质与规格

试板：2 块	规格：300 mm × 125 mm × 30 mm	材质：SA240 T304 或等效材料
障碍板：2 块	规格：300 mm × 98 mm × 6 mm	材质：SA240 T304 或等效材料

2. 试件清理

必须去除表面氧化物，并且不得存在任何氧化痕迹，试板坡口两侧及背面 25 mm 范围内的油、锈、氧化皮等应清理干净，直至露出金属光泽。

3. 试件标识

在试件上标注焊工项目考试编号。

（二）工具

钳式电流电压表、数字型接触式测温仪、低应力钢印、电动角向磨光机、敲渣锤、核电保温桶、手持式面罩、拖线板、砂轮片、焊条头回收桶、钢刷、无铁铝基砂轮片。

（三）防护

操作人员应穿戴工作服、工作帽、劳保鞋、口罩、耳塞、手套、防护眼镜、面罩。

（四）焊接设备已检标识及焊接工装夹具的检查

（1）启动焊机前，检查各处的接线是否正确、牢固可靠，电流表和电压表应在有效期内。

（2）检查工装夹具是否齐全、可正常使用。

（3）按焊接工艺规程调试焊接电流，并用钳型电流电压表检查焊接参数是否在规定的范围内，钳形电流电压表应经过检定并在有效期内。

（五）文件准备

焊前需准备焊接用工艺规程、流转卡、质量计划、适用性文件和监考记录表。

（六）焊材的领用和核电保温桶正确使用

1. 焊材的领用

根据规程 GC－11－084，焊条选用 E308L－15，直径 ϕ3.2 mm 和 ϕ4.0 mm 都适用。E308L－15 焊条的特点是熔深浅，引弧处易出现氮气孔，收弧处易产生弧坑裂纹，交直流两用，可进行全位置焊接。

焊工应凭流转卡、员工证到焊材烘焙库领取已经烘干好的焊材，放入核电保温桶中以防止焊条中的含氢氧量增加。核电保温桶应保持恒温，温度为 100～150 ℃。焊材的领取不能一次性领取过多，ϕ3.2 mm 领取 15～20 根，ϕ4.0 mm 领取 25 根左右为宜，在领取焊材时需确认该焊材的炉批号和检验编号。

2. 核电保温桶正确使用

核电保温桶上有检验合格标签和有效期标志,焊工应使用经过检验合格的核电保温桶。

3. 焊条的使用

戴干净的手套,从核电保温桶里拿出一根焊条后盖上盖子,防止保温桶里的焊条含氢氧量增加。E308L-15 的焊条引弧时容易出现氮气孔,所以引弧的部分需要打磨。

4. 焊条头的回收

引弧焊条没有引燃粘住或一根焊条一旦焊接使用,剩余的焊条头均需放入回收桶内。焊条头的长度应不小于 50 mm,因为当焊接工艺参数过大时,剩余较短的焊条在高温作用下呈现红色,药皮中起造气作用的大理石等在高温下提前分解或药皮脱落,影响保护效果,易出现氮气孔等焊接缺陷。另一方面,焊条内的合金元素被严重烧损,致使接头的性能下降,强度降低。

五、焊接操作方法

(一)装配与定位

首先在定位焊之前用铝基无铁砂轮片打磨试板的钝边,钝边取 1.5 mm,装配间隙取 1.0 mm,将试板背面向上平放于平台上,用钢直尺横卡于试件背面观察错边量,应使两试板处于相对平行的位置,尽量减少错边,这样可防止坡口被烧穿,也方便清根。反变形如图 4-37 所示,40~45 mm 是指一块板的延长线与另一块板边缘的垂直距离。定位焊所使用的焊条和正式焊接时所使用的焊条相同,分别在试板两端进行,起焊处长度 20 mm 左右,焊缝收弧处长度 25 mm 左右,必须焊接牢固,防止开裂。

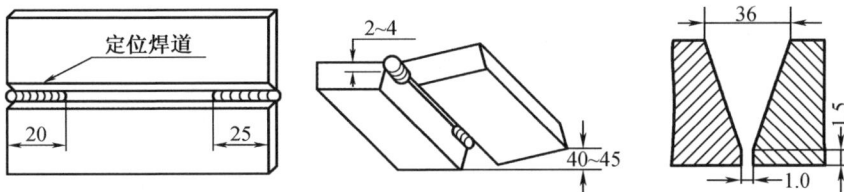

图 4-37　定位焊、反变形与装配示意图(尺寸单位:mm)

装配好后将试板放置于立焊位置。

(二)打底层焊接操作要领

1. 熔池的建立

在打底过程中为了背面有良好的成形,焊机的微调旋钮引弧电流和推力电流都要使用,引弧电流调至 4~6 A 为宜,推力电流调至 5 A 左右最佳(虽然有的焊机刻度不一样,但原理相同,要随机而定)。

焊接时,熔池几何尺寸与电流、电压、焊枪的角度、焊接速度、焊材种类、母材本身的特性有关。主要是前两者,电流越大,熔池越深;电压越大,熔池越宽。

在建立第一个熔池时,采用较小直径的 ϕ3.2 mm 焊条用撞击法将电弧引燃,再压低电弧做出轻微的摆动,这样可以使药皮与铁水分开(药皮熔化后形成的熔渣与铁水有明显区别,熔渣呈暗红色、铁水呈现出发光的流体),从而形成第一个熔池,熔池几何形状呈椭圆形。

2. 引弧

引弧需注意以下四个方面：

（1）焊件待焊部位应彻底清理干净。

（2）焊条与焊件接触后，焊条提起时间要适中，提起的高度要合理。太快、太高，电弧可能熄灭；太慢，焊条将与焊件粘连。在打底焊接过程中，要用焊条的电弧击穿一个大小均匀的熔孔，使得试件背面有足够的焊缝高度，这样有利于焊后清根时不用清理的太深。

（3）需用整根焊条，焊条端部要有裸露部分，且应均匀。

（4）引弧位置要适当，在焊接中断重新引弧时，应注意引弧位置。一定要在离停弧点后 10~20 mm 焊缝上引弧，然后移至始焊点，待熔池熔透后再继续向前移动，将可能产生的引弧缺陷留在焊缝表面，在下一层焊道焊接之前将前一焊道表面清理干净，去除缺陷。

3. 运条

焊接方向从下往上焊，用连续焊焊透钝边，使两块试板母材良好熔合，焊后焊缝颜色应呈银白色或金黄色，不允许呈现出蓝色或深灰色。焊接允许做摆动，但不能超过焊条直径的三倍，可控制焊接速度，使焊道与两侧坡口交界处熔合饱满。

4. 接头

焊缝接头采用冷接法，起弧和收弧处用砂轮片打磨干净，收弧处应磨出圆滑过渡的斜坡状，然后再进行焊接。

5. 收弧

焊接结束或电弧中断，都会产生弧坑，若收弧不当，弧坑处常常会出现裂纹、气孔等缺陷。为了克服弧坑缺陷，可采用下述两种收弧方法：

（1）划圈收弧法：焊条在收尾处做圆圈运动，直至将收尾处弧坑填满，再拉断电弧。

（2）转移收弧法：焊条在弧坑处稍做停留，慢慢将电弧提高，同时引向边缘坡口侧，凝固后一般不会出现缺陷。适用于换焊条或临时停弧。

6. 再引弧

在焊接中断重新引弧时应重新换根焊条再引弧。

7. 再引弧的位置记录

根据规程 GC-11-084，第一层焊缝中至少应当有一个停弧再焊接头，并用钢尺测量出停弧处的位置（也就是打底焊第一根焊条的焊接长度），并在数据单上做出记录。

8. 打底焊缝完成后的几何形状、厚度及打磨要求

打底焊缝宽度不大于 15 mm，焊缝厚度控制在 3 mm 左右，不能太高，为填充层和背面清根做准备。焊完后焊缝表面成形应呈现平或凹型，若呈现凸型应打磨至微凹型，便于下一层焊接和减少夹渣出现的概率。

（三）填充层焊接操作要领

在填充层焊接过程中为了有良好的成形，焊机的微调旋钮引弧电流和推力电流都要使用，引弧电流调至 4~6 A 为宜，推力电流调至 <2 A 最佳（虽然有的焊机刻度不一样，但原理相同，要随机而定）。推力电流在瞬时叠加一个峰值电流（例如 0.04 s 瞬时叠加 10~90 A）以保证熔深和焊透，过于强大的峰值电流会产生密集暴跳的金属飞溅物，溅落在熔池、焊缝表面及焊缝周围，造成不应有的夹渣等缺陷。

操作要点：建议采用不少于 4 层多道摆动焊以控制热输入，先将每层焊缝接头（道与道之间露出的小尾巴即起弧焊缝）打磨干净，使其露出金属光泽，再用砂轮把焊层表面打磨平

整,无任何缺陷。

1. 填充层第一层焊接

焊接填充层第一层时选用 $\phi 3.2$ mm 的焊条,为了焊透,避免夹渣,手腕对焊条的夹角角度要做出调整,焊条与垂直面的摆动角度约 50° 为好。

焊条运条成左右"之"字形立向上摆动。摆动过程中要注意两边停留时间要长一些,大于中间过渡摆动时间,中间摆动要快,焊缝波纹成鱼鳞形。否则焊缝过厚,波纹成尖角形。焊后焊缝成形应呈现平或凹型,若呈现凸型应打磨平滑。

2. 填充层多道焊分布

在填充层的焊接中,当一层中超过 3 道时,要注意焊道的分布。为了防止夹渣,第一道焊缝和第二道焊缝应布置在左右两边,最终焊道要收在中间较为合理。

3. 填充层多道焊收弧

填充层的每层超过 3 道时,道与道间收弧处要错开,收弧位置成金字塔形或距离 50 mm 错开。

4. 填充层最终层焊接要点

填充层第一层焊接完后选用 $\phi 4.0$ mm 的焊条,每层多道,每道焊道摆动至两侧时,要稍做停顿,从而使焊道与两侧交界处熔合好。为严格控制热输入, $\phi 4.0$ mm 的焊条焊缝宽度控制在不大于 17 mm。每层先焊两侧焊道,左、右焊道焊完后,用砂轮把焊层表面打磨平整圆滑后再焊接中间焊道,这样可以避免边缘面的待焊焊道过窄引起的夹渣。焊道与焊道之间应充分搭接,覆盖面不小于 1/3(推荐覆盖搭接量为 1/2),边缘的第二层焊道应完全覆盖第一层边缘焊道,最后一条填充焊道焊完后的焊层,其表面应离试板表面 1.5 ~ 2.5 mm,两侧棱边不能烧损,保持原始形状,我们称之为盖面标准线,有利于盖面层的焊接。如果最后一层的填充焊层离两棱边深了,例如填充层距离试件表面有 3.0 mm 左右,填一层又多了,直接盖面盖不上,这时需用小直径焊条再焊一层,然后再打磨至上述所需标准(图 4 - 38)。最后填充层形状略呈凹型为最好,然后进行盖面层焊接。

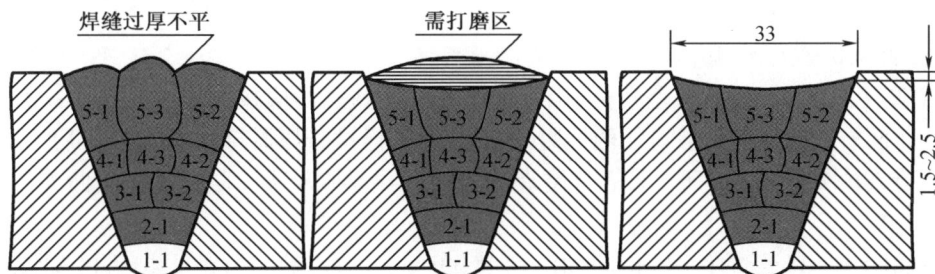

图 4 - 38　盖面前示意图(尺寸单位:mm)

在填充层焊接过程中,为了在引弧时焊条不粘连,引弧电流调至 4 ~ 5 A,推力电流则需要关掉。

工艺规程提出了控制热输入的要求,所以,当我们按照 HAF603 标准焊接时,要严格控制层道数量和焊接电流范围。在小范围、微摆动、快速度焊接时,可以有效地控制热输入量。一般 30 mm 厚度的试板,填充层层数至少 4 层。根据规程 GC - 11 - 084 的规定试件焊缝填充 ≥6 层,除去盖面和打底各一层,填充至少在 4 层以上才能达到焊缝金属的最低填充层数。例如,30 mm 板对接焊,焊道分布如图 4 - 39 所示,仅供参考。

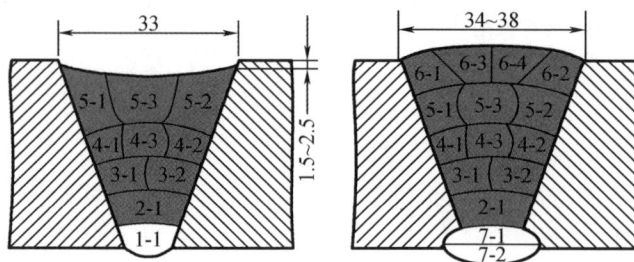

图 4 – 39　焊道分布示意图(尺寸单位:mm)

5. 打磨

为了焊接出优质焊缝,要掌握"三磨"要领。

(1)焊道接头焊前磨

当引燃一根焊条焊接时,接头的电弧引燃处和收弧处是最容易出现焊接缺陷的地方,例如电弧引燃处由于刚开始引弧保护不好易出现氮气孔,收弧处由于化学成分不均造成偏析易出现弧坑裂纹。因此,一条优质的焊缝提倡磨两头留中间。

(2)焊道与焊道的搭接处焊前磨

在焊接宽的坡口焊缝时,需要几条焊道焊接一层。道与道之间搭接量的最低要求不能小于1/3,所以在焊接第二道焊缝前,要清理打磨第一道搭接量的1/3处,特别是易咬边带有沟槽的焊趾处要打磨干净,做到圆滑过渡,约2/3宽度的热影响区也要清理打磨干净。

(3)层与层之间的焊前磨

当一层多个焊道焊接结束后,准备焊接下一层时,如图4 – 38所示,这时若操作不当,整个待焊面会凸凹不平,焊缝表面还会存在咬边、飞溅、裂纹甚至有高于母材熔点的高熔点氧化物等,如果不及时打磨掉会影响下一层的焊接质量。所以,为了能焊接出优质的焊缝,层与层之间焊前必须打磨。打磨标准是看不到焊缝纹路,整个面平整,磨至能做PT的要求方能继续焊接。

(四)盖面层焊接操作要领

1. 盖面前的操作要领

为了避免接头脱节、高低差超标、接头错位、宽度差超标,应按下述方法操作:

(1)盖面前需确认试件坡口的两棱边是否完好,若已被破坏需打磨至图4 – 40所示。

(2)检查填充层的几何形状,需打磨焊缝表面露出金属光泽,打磨焊缝截面如图4 – 40所示。

(3)如图4 – 38所示,两坡口间的距离为33 mm左右,盖面层的焊接采用ϕ3.2 mm焊条,焊条摆动的弧度不能大于焊条直径的3倍,当采用ϕ3.2 mm焊条时焊接宽度不大于15 mm,为了盖满坡口不产生咬边,盖面层焊道道数为4道,则理论焊缝宽度为37.5 mm。

因为盖面前两坡口距离为33 mm,加上每侧增宽0.5 ~ 2.5 mm,则盖面焊缝的宽度为34 ~ 38 mm。单道焊缝宽度$B = 15$ mm,在规定的范围内,盖面层焊道道数为4道,宽度37.5 mm为可行,如图4 – 41所示。

$$理论焊缝宽度 = 单道焊缝宽度 B \times (1/2 搭接量) \times 3 条 +$$
$$最后一道焊缝宽度和每侧增宽$$
$$\approx 15/2 \times 3 + 15$$
$$\approx 37.5 \text{ mm}$$

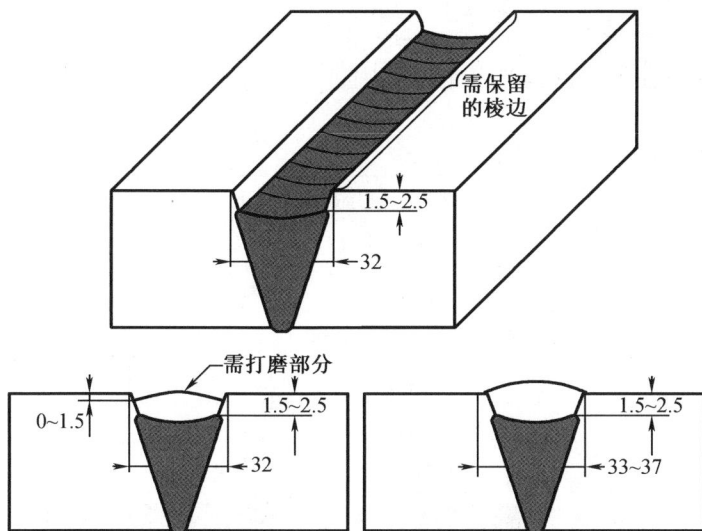

图 4-40　盖面前焊缝几何形状示意图(尺寸单位:mm)　　图 4-41　1/2 搭接量理论焊缝宽度示意图(尺寸单位:mm)

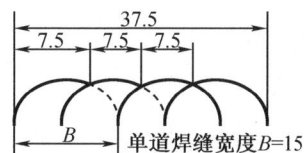

2. 盖面层焊接的操作要领

（1）先焊右侧焊道再焊左侧焊道,最后焊中间焊道,电流稍微偏小,便于控制电弧,坡口边缘熔合 0.5~2 mm,左右避免焊趾处产生咬边,操作时手要稳,焊接角度要正确,道与道间搭接合理,盖面时焊缝的焊道至少要有一个焊道接头,接头控制方法:电弧引燃后立即压低电弧,短弧操作并引向焊缝起点,即弧坑轮廓线摆动由窄到宽,使焊缝与弧坑轮廓线相吻合,当摆动宽度达到正常焊缝宽度时,使之保持下去正常焊接。要注意的是接头动作要稍快,以避免接头处过高。焊接过程中,短弧操作,均匀做锯齿形摆动,摆动至两侧坡口的边缘处应稍做停留,观察熔池金属,边缘应完全熔合 0.5~2 mm,然后再横向摆动至另一侧,始终要注意边缘熔合良好,要符合尺寸要求。熔池要呈椭圆形,保持熔池的形状大小均匀一致,熔渣既要紧跟熔池,又要与铁水分开,使熔池始终保持清晰明亮。

（2）盖面层焊接完后,焊缝表面应保持原始状态,不允许打磨。

（3）在盖面过程中,推力电流无须打开,引弧电流则调至 4 A 左右为宜。

（五）背面清根

背面清根时用角向砂轮铝基无铁砂轮片打磨(不允许在试板上使用炭弧气刨,这样会增加焊缝的碳含量)。打磨至所需深度(至少 5 mm)并成 U 形,底部应圆滑过渡,不能过窄,坡口宽度应有 8~14 mm。并确认打底焊缝和缺陷全部清理干净,方可进行封底焊接。

（六）封底焊

封底焊采用两层两道焊,为了避免接头脱节、高低差超标和接头错位,在焊接过程中要短弧操作,均匀做锯齿形摆动,在焊接第一道后把焊缝打磨平整,并保证坡口边角留有不大于 2 mm 的余量以防咬边。在封底焊盖面时摆动至两侧坡口的边缘处应稍做停留,观察熔池金属,边缘应完全熔合 1.5~2 mm,然后再横向摆动至另一侧,始终要注意边缘既要熔合良好,又要符合尺寸要求。封底焊焊缝呈微凸弧形,焊高不要超过允许的盖面层焊高,焊完后焊缝表面保持原始状态不做打磨。

（七）焊道记录图、焊接参数与层温记录表

焊接参数、层温和焊道分布图应在焊接过程监考记录表中进行记录,见表4－17。

表4－17　监考记录表

焊工项目考试施焊及监考记录表	施焊及监考记录表编号:JK(NS)－13－××× 考试计划编号:×××－JH－13－10

参考焊工单位	
项目代号	HD P GW Ⅵ c t30h80 PF bs

焊工姓名	李××	工位编号	×××－H－××
考试用焊接 工艺规程编号	GC－11－084	焊工项目 考试编号	084－A×××

考试日期	2013.02.21
考试开始时间	08:30
考试终止时间	17:00
考试开始时间	
考试终止时间	

焊道 序号	焊材 规格 /mm	电流极性	电流 /A	电压 /V	焊速8 (mm·min^{-1})	预热温度或 层间温度/℃	保护气体流量 /(L·min^{-1})		其他
							正面	背面	
定位焊	φ3.2	直流反接	105	23.5	—	25 25 25	—	—	E308L－15
1－1	φ3.2	直流反接	105	23.5	—	58 54 60	—	—	E308L－15
2－1	φ3.2	直流反接	105	23.5	—	61 62 64	—	—	E308L－15
3－1	φ4.0	直流反接	126	25.5	—	65 67 66	—	—	E308L－15
3－2	φ4.0	直流反接	120	25.5	—	78 75 74	—	—	E308L－15
4－1	φ4.0	直流反接	125	25.5	—	72 74 75	—	—	E308L－15
4－2	φ4.0	直流反接	180	25.5	—	75 78 79	—	—	E308L－15
4－3	φ4.0	直流反接	196	25.5	—	80 81 82	—	—	E308L－15
5－1	φ4.0	直流反接	180	25.5	—	76 75 77	—	—	E308L－15
5－2	φ4.0	直流反接	185	25.5	—	77 78 77	—	—	E308L－15
5－3	φ4.0	直流反接	184	25.5	—	87 87 89	—	—	E308L－15
6－1	φ3.2	直流反接	100	23.5	—	29 28 28	—	—	E308L－15
6－2	φ3.2	直流反接	96	24.0	—	82 83 85	—	—	E308L－15
6－3	φ3.2	直流反接	102	24.5	—	86 88 96	—	—	E308L－15
6－4	φ3.2	直流反接	195	25.0	—	86 85 97	—	—	E308L－15
7－1	φ4.0	直流反接	135	25.5	—	25 25 25	—	—	E308L－15

参考焊工(签字):李××

监考人(签字):监考一号

六、焊后检查

（一）试件的检验项目、检查数量和试样数量

HAF603 – HD015 考试项目的考后检验项目、检查数量和试样数量见表 4 – 18。每个试件应先进行外观检验，合格后再进行其他项目检验。

表 4 – 18　试件检验项目、检查数量和试样数量

试件形式	试件厚度	检验项目				
		外观检验 /件	射线检验 /件	冷弯试验/个		
				面弯	背弯	侧弯
坡口焊缝 试件板对接	≥30	1	1	—	—	2

注：①表中外观检验试件数量即考试试件数量。

②当试件厚度≥10 mm 时，可以用 2 个侧弯试样代替面弯和背弯试样。

（二）外观检验

试件外观按 HAF603 附件 3 中的第 2.2 条款做外观检验。

（1）试件的外观检验，采用目视或 5 倍放大镜进行。手工焊的板材试件两端 20 mm 内的缺陷不计，焊缝的余高和宽度可用焊缝检验尺测量最大值和最小值，但不取平均值，单面焊的背面焊缝宽度可不测定。

（2）试件焊缝的外观检验应符合下列要求：

①焊缝表面应是焊后原始状态，不允许加工修磨或返修。

②焊缝外形尺寸应符合表 4 – 19 的规定，并且焊缝边缘直线度≤2 mm。

表 4 – 19　焊缝外观检查表

余高 /mm	余高差 /mm	比坡口 每侧增宽/mm	宽度差 /mm	焊缝边缘 直线度/mm	变形角度 θ/(°)	错边量 /mm
0～4.0	≤3	0.5～2.5	≤3	≤2	≤3°	≤2

③各种焊缝表面不得有裂纹、未熔合、夹渣、气孔、焊瘤和未焊透。手工焊焊缝表面的咬边和背面凹坑不得超过表 4 – 20 的规定。

表 4 – 20　手工焊焊缝表面咬边和背面凹坑

缺陷名称	允许的最大尺寸
咬边	深度≤0.5 mm；焊缝两侧咬边总长度不得超过焊缝长度的 10%
背面凹坑	当 T≤6 mm 时，深度≤15% T，且≤0.5 mm；当 T>6 mm 时，深度≤10% T，且≤1.5 mm。除仰焊位置的板材试件不做规定外，总长度不超过焊缝长度的 10%

④板状试件焊后变形角度 $\theta \leqslant 3°$,试件的错边量不得大于10% T,且 $\leqslant 2$ mm。

（3）属于一个考试项目的所有试件外观检验的结果均符合以上要求,该项试件的外观检验为合格,否则为不合格。

（4）民用核安全设备焊工项目考试外观检验报告

HAF603 – HD015 项目考试外观检验报告示例见表 4 – 21。

表 4 – 21   HAF603 – HD015 项目考试外观检验报告

报告编号:WG(NS) – 11 – 焊考 – ×××

实施计划编号	×××–11–××–××	焊工项目考试编号（试件编号）	084 – 考号
焊工姓名	许××	依据标准	HAF603 – 2008
焊接方法	HD	母材牌号和规格	0Cr18Ni9 300 mm × 125 mm × 30 mm
试件形式	板对板	焊接位置	PF
原始状态		原始	
焊缝余高		裂纹	咬边
2.5～3.0 mm		无	$h \leqslant 0.5$ mm; $L = 18$ m
焊缝余高差		未熔合	背面凹坑
0.5 mm		无	—
比坡口每侧增宽		夹渣	变形角度
1.5～2.0 mm 1.0～2.5 mm		无	1°
宽度差		气孔	错边量
1.5 mm(35.5～37 mm)		无	0.5 mm
焊缝边缘直线度		焊瘤	角焊缝凹凸度
1.5 mm		无	—
背面焊缝余高		未焊透	焊脚尺寸
1.5 mm		—	—
堆焊焊道高度差		堆焊凹下量	通球检验
—		—	—
堆焊焊道平面度			
—			
外观检验结果（合格、不合格）		合格	检验日期	××××.××.××
检验人员		监考一号	证书号	××××
复审人员		监考二号	证书号	××××

（三）射线探伤

试件的无损检验应符合核安全设备Ⅰ级焊缝检验要求的规定；试件按 HAF603 附件 2 中的表 1 和 2.3 条款做射线探伤。

（四）弯曲检验

HAF603 – HD015 项目按表 4 – 22 做 2 个侧弯试验。

表 4 – 22 弯曲检验标准

	试样类型	试样号	取样位置	试样尺寸 （厚 mm × 宽 mm）	弯曲 角度/(°)	弯头直径 /mm	结果
弯曲试验	侧弯	084 – A × × × – P1	按标准	10 × 30	180	46	
	侧弯	084 – A × × × – P2	按标准	10 × 30	180	46	
	验收标准：试样弯曲后，其拉伸面上不得有任何一个横向（试样宽度方向）裂纹或缺陷的长度大于 1.5 mm、纵向（试样长度方向）裂纹或缺陷的长度大于 3 mm。对于堆焊试样检验区不应出现明显裂缝，单个裂纹、气孔或夹渣的长度不得大于 3 mm						
	试验设备：			设备编号：			
	试验员/日期：			审核/日期：			

七、结束语

HAF603 – HD015 技能培训项目是民用核安全设备焊工培训、考试和取证基本项目之一，故学习和掌握该项目的操作技术非常重要，对于保证核电设备的焊接质量至关重要。通过长期的培训实践证明，本书所介绍的操作技术不仅方便焊工学习和掌握，使焊接质量好，合格率提高，而且缩短了培训周期，是一种行之有效的焊接技能操作技术。

HAF603 – HD015 项目的焊接适用范围见表 4 – 23。

表 4 – 23 HAF603 – HD015 项目的适用范围

聘用单位名称			项目代号编号	H – × × × – 97
焊工项目考试 合格项目代号	HD P GW Ⅵ c t30h80 PF bs			
变素	代号	含义	适用范围	
焊接方法	HD	焊条电弧焊	焊条电弧焊	
试件形式	P	板 – 板接头	P 接头	
			管外径：$D \geqslant 500$ mm 的 T 接头	
焊缝形式	GW	P 接头的对接焊缝	GW 焊缝	
			FW 焊缝	
母材类别	Ⅵ	奥氏体不锈钢	仅限Ⅵ材料	
焊接材料	c	低氢型焊条	a、b、c	

表 4－23（续）

变素	代号	含义	适用范围
焊缝金属厚度	t30 h80	焊缝金属厚度:30 mm 障碍板高:80 mm	5～140 mm
焊接位置	PF	立向上焊	PA、PB、PF
焊接要素	bs	双面焊	单面焊带衬垫、或双面焊均可
专用焊工项目考试工艺评定编号	—		
Y 类专项考试焊机型号	—		
Z 类专项考试举例名称	—		

第四节　奥氏体不锈钢板对接横位双面焊

本节根据 HAF603 法规和核电质量保证基本要求,按奥氏体不锈钢板对接横位双面焊焊条电弧焊项目的要点简介、焊接工艺规程、焊前准备、焊接操作方法、焊后检查等方面进行讲解。

为了叙述方便,HAF603 项目代号为 HD P GW Ⅵ c t30h80 PC bs 的奥氏体不锈钢板对接横位双面焊焊条电弧焊以下均称为"HAF603 － HD014"。

一、本项目要点简介

本项目要求多层多道直道不摆动焊。奥氏体不锈钢因组织无淬硬性,因此焊接性良好,焊接时无须采用特殊工艺。一般的熔焊方法,如焊条电弧焊、埋弧焊、惰性气体保护焊、等离子弧焊等,均可获得优质的焊接接头。但是,如果焊接填充材料选用不当或工艺不正确,也有可能产生晶间腐蚀、焊接热裂纹、475 ℃脆性和 σ 相脆化等缺陷。奥氏体不锈钢因其化学成分复杂、焊接结构多样化以及所采用的壁厚、接头形式、焊接方法等的不同,表现出不同的焊接特点。

（一）适用范围

本教案适用于核电奥氏体不锈钢板状对接横位双面焊焊条电弧焊的技能培训,也可作为核电技能教师在培训学员时的教学方案。

（二）教案编写依据

（1）《民用核安全设备焊工焊接操作工资格管理规定》（HAF603）2008 年版。

（2）奥氏体不锈钢板状对接焊条电弧焊横焊焊接工艺规程,编号:GC － 11 － 083。

（3）适用性文件《预热、层温、后热和焊后热处理总要求》《对焊接操作的附加要求》和《焊接的总要求》。

（三）要点简介

（1）焊条电弧焊是焊接奥氏体不锈钢的传统焊接方法,具有灵活、不受焊接位置的限制以及焊接质量可以保证等优点。其缺点是生产效率低,工作强度大,焊接工艺参数波动大。

根据横焊的特点,熔池金属受重力的作用有下垂的倾向,在焊道的上方易产生咬边,在焊道的下方易产生焊瘤,为此常常限制每道熔敷金属量,薄板时可以采用单道焊,厚板时宜采用开坡口多层多道直道快速度焊且需短弧操作。要注意热输入量的控制,即小的焊接规范(小电流、快速度、微摆动、多层多道)。

(2)奥氏体不锈钢焊接主要防气孔、晶间腐蚀和热裂纹。在横焊时,要严格控制好焊条角度和进行短弧操作。

①采用多层多道焊的熔敷类型,焊条要摆动,摆动幅度不能超过焊芯直径的三倍。

②做好"三磨",即焊道接头、焊道与焊道、各焊层之间,在焊接前应进行表面打磨,使金属表面干净,露出光泽,无任何缺陷。

③严格控制热输入和道间温度。经验告诉我们焊缝颜色不能变成蓝色或黑色,每条焊缝颜色为金黄色。

(3)注意要点:

打底:需注意两边死角和面。

填充:需注意每道的焊接顺序、盖面前一层所预留的边角。

盖面:需注意焊接规范,焊趾处容易产生咬边和未熔合。

二、HAF603 - HD014 焊接工艺规程

HAF603 - HD014 项目的焊接工艺规程见表4 - 24。

表4 - 24 HAF603 - HD014 项目的焊接工艺规程

编号:GC - 11 - 083 Rev. D

技能考试项目代号	HD P GW Ⅵ c t30h80 PC bs		
工艺评定报告编号/依据标准/有效期	××××/TSD - PQR×××/RCC - M 2007/长期有效	自动化程度/稳压系统/自动跟踪系统	手工焊
焊接接头		焊接接头简图(有衬垫的应标明衬垫的形式和截面尺寸):	
坡口形式	V 形		
衬垫(材料)	—		
焊缝金属厚度	30 mm		
管子直径	—		
其他	坡口角度 65° ± 5°,装配间隙 0 ~ 2 mm,钝边 0 ~ 3 mm		

表 4 - 24(续 1)

母材		填充金属	
类别号	试板：Ⅵ 障碍板：Ⅵ	焊材类型 （焊条、焊丝、焊带等）	焊条
牌号	试板：0Cr18Ni9 或等效材料 障碍板：0Cr18Ni9 或等效材料	焊材型（牌）号/规格	E308L - 15/E308L - 16 $\phi3.2$ mm、$\phi4.0$ mm
规格	试板 2 块：300 mm × 125 mm × 30 mm 障碍板 2 块：300 mm × 98 mm × 6 mm	焊剂型（牌）号	—
焊接位置		保护气体类型/混合比/流量	
焊接位置	横焊（PC）	正面	—
焊接方向	—	背面	—
其他	—	尾部	—
预热和层间温度		焊后热处理	
最低预热温度	5 ℃	温度范围	—
最高层间温度	177 ℃	保温时间	—
预热方式	—	其他	—

焊接技术

最大热输入	$Q = [0.8 \times U(V) \times I(A)/V(mm/s)] \times 10 - 3 = 1.188$ kJ/mm		
喷嘴尺寸		导电嘴与工件距离	
清根方法	打磨	焊缝层数范围	≥8 层
钨极类型/尺寸		熔滴过渡方式	
直向焊、摆动焊及摆动方法		多道直道焊	
背面、打底及中间焊道清理方法		刷理或打磨	

焊接参数

焊层	焊接方法	焊材		焊接电流		电压范围/V	焊接速度/ (cm · min^{-1})
		型（牌）号	规格/mm	极性	范围/A		
定位焊	HD	E308L - 15	$\phi3.2$	直流反接	90 ~ 115	—	
			$\phi4$	直流反接	115 ~ 155		
序号 1	HD	E308L - 15	$\phi3.2$	直流反接	90 ~ 115	—	
			$\phi4$	直流反接	115 ~ 155		
序号 2	HD	E308L - 15	$\phi3.2$	直流反接	90 ~ 115	—	—
			$\phi4$	直流反接	115 ~ 155		
序号 3	HD	E308L - 15	$\phi3.2$	直流反接	90 ~ 115	—	
			$\phi4$	直流反接	115 ~ 155		
序号 4	HD	E308L - 15	$\phi3.2$	直流反接	90 ~ 115	—	
			$\phi4$	直流反接	115 ~ 155		

表 4 – 24（续 2）

工艺说明	施焊操作要领
工艺说明： （1）本规程根据《民用核安全设备焊工焊接操作工资格管理规定》（HAF603）编制； （2）操作考试前，应当在主考人、监考人与焊工共同在场确认的情况下，在试件上标注焊工项目考试编号； （3）焊工可根据规程标明考试用焊条来自定规格； （4）焊接完成后，试件按 HAF603 附件 2 中的表 1 和 2.2 条款做外观检验； （5）试件按 HAF603 附件 2 中的表 1 和 2.3 条款做射线探伤； （6）试样按 HAF603 附件 2 中的表 1 和 2.4 条款做 2 个侧弯试验	操作要领： （1）操作考试前，参考焊工应将坡口表面及两侧清理干净，去除铁屑、氧化皮、油、锈和污垢等杂物； （2）考前必须检查障碍板尺寸，尺寸不得小于规程要求，装配角度必须和试件坡口角度一致； （3）每道焊缝焊接前应检查温度； （4）焊接开始后，不得改变焊接位置； （5）第一层焊缝中至少应当有一个停弧再焊接头； （6）焊接表面焊道（序号3）时应拆除障碍板； （7）焊缝表面最后一层应保持原始状态，不允许修磨和返修
编制单位名称	

三、焊前准备

（一）试件

1. 试件材质与规格

试板：2 块　　　规格：300 mm×125 mm×30 mm　　　材质：0Cr18Ni9 或等效材料

障碍板：2 块　　规格：300 mm×98 mm×6 mm　　　材质：0Cr18Ni9 或等效材料

2. 试件清理

必须去除表面氧化物，并且不得存在任何氧化痕迹，试板坡口两侧及背面 25 mm 范围内的油、锈、氧化皮等应清理干净，直至露出金属光泽。

3. 试件标识

在试件上标注焊工项目考试编号。

（二）工具

钳式电流电压表、数字型接触式测温仪、低应力钢印、电动角向磨光机、敲渣锤、核电保温桶、手持式面罩、拖线板、砂轮片、焊条头回收桶、钢刷、铝基无铁砂轮片。

（三）防护

操作人员应穿戴工作服、工作帽、劳保鞋、口罩、耳塞、手套、防护眼镜、面罩。

（四）焊接设备已检标志及焊接工装夹具的检查

（1）启动焊机前，检查各处的接线是否正确、牢固可靠，电流表和电压表应在有效期内。

（2）检查工装夹具是否齐全、可正常使用。

（3）按焊接工艺规程调试焊接电流，并用钳形电流电压表检查焊接参数是否在规定的范围内，钳形电流电压表应经过检定并在有效期内。

（五）文件准备

焊前需准备焊接用工艺规程、流转卡、质量计划、适用性文件和监考记录表。

（六）焊材的领用

根据规程 GC‑11‑083，焊条选用 E308L‑15、E308L‑16，ϕ3.2 mm 和 ϕ4.0 mm 都适用。E308L‑15 焊条的特点是熔深浅，引弧处易出现氮气孔，收弧处易产生弧坑裂纹，直流反接，可进行全位置焊接。

四、焊接操作方法

（一）装配与定位

首先在定位焊之前用砂轮片打磨试板的钝边，钝边取 1.5 mm，装配间隙取 1.0～1.5 mm，如图 4‑42 所示。将试板背面向上平放于平台上，用钢直尺横卡于试件背面观察错边量，应使两试板处于相对平行的位置，尽量减少错边，这样可防止坡口被烧穿，也方便清根。反变形如图 4‑43 所示，38～40 mm 是指一块板的延长线与另一块板边缘的垂直距离，也可以换算为角度（7.27°～7.66°）。定位焊所使用的焊条和正式焊接时所使用的焊条相同，分别在试板两端进行，起焊处长度在 10～15 mm，收尾处的定位焊长度尽可能达到 20 mm，必须焊接牢固，防止开裂。

装配后将试板放置于横焊位置。

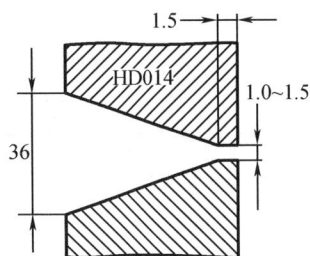

图 4‑42 装配间隙（尺寸单位：mm）   图 4‑43 定位焊及试件反变形示意图（尺寸单位：mm）

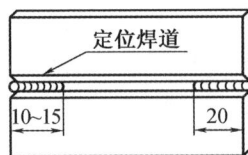

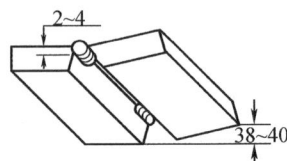

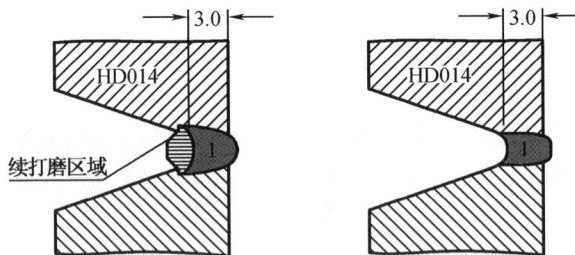

图 4‑44 打底示意图（尺寸单位：mm）

（二）打底层焊接操作要领

1. 熔池的建立

在打底过程中为了背面有良好的成形，焊机的微调旋钮引弧电流和推力电流都要使用。引弧电流调至 4～6 A 为宜，推力电流调至 5 A 左右最佳（虽然有的焊机刻度不一样，但原理相同，要随机而定）。

焊接时,熔池几何尺寸与电流、电压、焊枪的角度、焊接速度、焊材种类、母材本身的特性有关。主要是前两者,电流越大,熔池越深;电压越大,熔池越宽。

2. 引弧

采用较小直径的焊条 $\phi3.2$ mm 用撞击法将电弧引燃,并压低电弧建立第一个熔池。应注意以下四个方面:

(1)焊件待焊部位应彻底清理干净。

(2)焊条与焊件接触后,焊条提起时间要适中,提起的高度要合理。太快、太高,电弧可能熄灭;太慢,焊条将与焊件粘连。在打底焊接过程中,要用焊条的电弧击穿一个大小均匀的熔孔,使得试件背面有足够的焊缝高度,这样有利于焊后清根时不用清理的太深(图 4 - 45),在建立第一个熔池时,用撞击法引燃电弧,再压低电弧并做出轻微的摆动,这样可以使保护液体药皮与铁水分开(药皮熔化后形成的熔渣与铁水有明显区别,熔渣呈暗红色、铁水呈现出发光的流体),从而形成第一个熔池,熔池几何形状呈椭圆形,如图 4 - 45 所示。

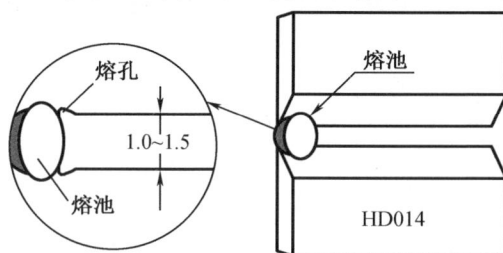

图 4 - 45 熔池、熔孔示意图(尺寸单位:mm)

(3)需用整根焊条,焊条端部要有裸露部分,且应均匀。

(4)引弧位置要适当,在焊接中断重新引弧时,应注意引弧位置。一定要在离停弧点前 10 ~ 20 mm 焊缝上引弧,然后移至始焊点,待熔池熔透后再继续向前移动,将可能产生的引弧缺陷留在焊缝表面,在下一层焊道焊接之前将前一焊道表面清理干净,去除缺陷。

3. 运条

焊接方向从左往右焊,用连续焊焊透钝边使两块试板母材良好熔合,焊后焊缝颜色应呈银白色或金黄色,不允许焊后焊缝呈现出蓝色和深灰色。焊接不允许做摆动,可控制焊接速度从而使焊道与两侧坡口交界处熔合饱满。

4. 接头

焊缝接头采用冷接法,起弧和收弧处用砂轮片打磨,收弧处磨出圆滑过渡的斜坡状,再进行焊接。

5. 收弧

焊接结束或电弧中断,都会产生弧坑,若收弧不当,弧坑处常常会出现裂或缩孔、气孔等缺陷。为了克服弧坑缺陷,可采用下述两种收弧方法:

(1)划圈收弧法:焊条在收尾处做圆圈运动,直至将收尾处弧坑填满,再拉断电弧。

(2)转移收弧法:焊条在弧坑处稍做停留,慢慢将电弧提高,同时引向边缘坡口侧,凝固后一般不会出现缺陷。适用于换焊条或临时停弧。

6. 再引弧

引弧位置要适当,在焊接中断重新引弧时应重新换根焊条再引弧。

7. 再引弧的位置记录

根据规程 GC - 11 - 083，第一层焊缝中至少应当有一个停弧再焊接头，并用钢尺测量出停弧处的位置（也就是打底焊第一根焊条的焊接长度），并在数据单上做出记录。

8. 打底焊缝完成后的几何形状、厚度及打磨要求

打底焊缝宽度不大于 7 mm，焊缝厚度控制在 3 mm 左右，不能太高，为填充层和背面清根做准备。焊完后焊缝表面成形应呈现平或凹型，若呈现凸型应打磨至微凹型，便于下一层焊接和减少夹渣出现的概率如图 4 - 44 所示。

（三）填充层焊接操作要领

为了使填充层有良好的成形，焊机的微调旋钮引弧电流调至 4 ~ 6 A 为宜，推力电流应关掉（虽然有的焊机刻度不一样，但原理相同，要随机而定）。推力电流在瞬时叠加一个峰值电流（例如 0.04 s 瞬时叠加 10 ~ 90 A），保证熔深和焊透，但是过于强大的峰值电流会产生密集暴跳的金属飞溅物，溅落在熔池里或形成的焊缝及焊缝周围，造成不应有的夹渣等缺陷。

操作要点：为了控制热输入，建议采用不少于 7 层多道焊，先将每层焊缝接头（道与道之间露出的小尾巴即起弧焊缝）打磨干净，使其露出金属光泽，用砂轮把焊层表面打磨平整，无任何缺陷。

1. 填充层第一层焊接

焊接填充层第一层时选用 φ3.2 mm 的焊条，为了焊透，避免夹渣，手腕对焊条的夹角角度要做出调整，焊条与垂直面的摆动角度约 50° 为好。焊接角度如图 4 - 46 所示。焊条不摆动，焊接过程中要注意焊接的速度，过快容易引起夹渣、未焊透等，过慢则焊缝过厚，形成波纹，呈尖角形。焊后焊缝成形应呈现平或凹型，若呈现凸型应打磨平滑。

2. 填充层多道焊分布

在填充层的焊接中，当一层中超过 3 道焊时，要注意焊道的分布。为了防止夹渣，第一道焊缝和第二道焊缝布置在左右两边、最终焊道收在中间较为合理。

3. 填充层多道焊收弧

填充层每一层超过 3 道时，道与道间的收弧处要错开，可呈金字塔形或 50 mm 错开，如图 4 - 47 所示。

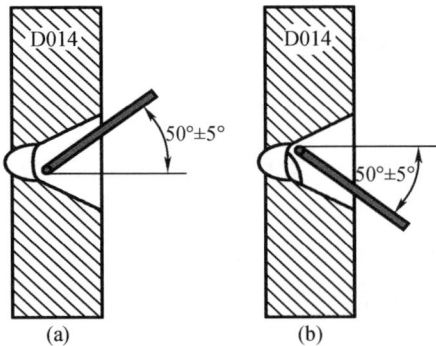

图 4 - 46　焊条角度示意图　　　图 4 - 47　焊道与焊道之间收弧处错开示意图

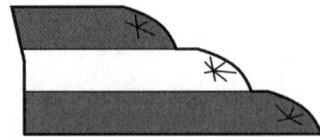

4. 填充层最终层焊接要点

填充层第一层焊接完后选用 $\phi4.0$ mm 的焊条,每层多道焊,每层焊道先焊上下两侧,在焊接上下两侧时控制焊接速度,使焊道与两侧交界处更好地熔合,可避免边缘面的待焊焊道过窄引起的夹渣。为严格控制热图输入,$\phi4.0$ mm 的焊条焊缝宽度控制在不大于 8 mm 为好。每层焊缝在焊完上下两侧后都应从下往上焊起。每层焊道焊完后,应用砂轮把焊层表面打磨平整圆滑后再焊接下层焊道,焊道与焊道之间应充分搭接,覆盖面不小于 1/3(推荐覆盖搭接量为 1/2),边缘的第二层焊道应完全覆盖第一层边缘焊道,最后一条填充焊道焊完后的焊层,其表面应离试板表面 1.5~2.5 mm,两侧棱边不能烧损,保持原始状态。盖面前预留基准如图 4-48 所示。

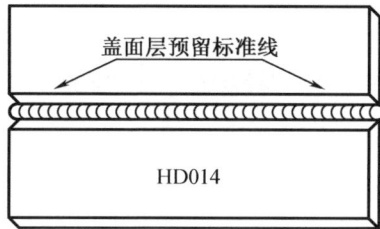

图 4-48 盖面前预留基准示意图

如果最后一层的填充焊层离两棱边深了,有 3.0 mm 左右,填一层又多了,直接盖面盖不上,这时需以小直径焊条再焊一层,然后再打磨至上述所需标准。最后填充层形状略呈凹形为最好,然后进行盖面层焊接(图 4-49)。

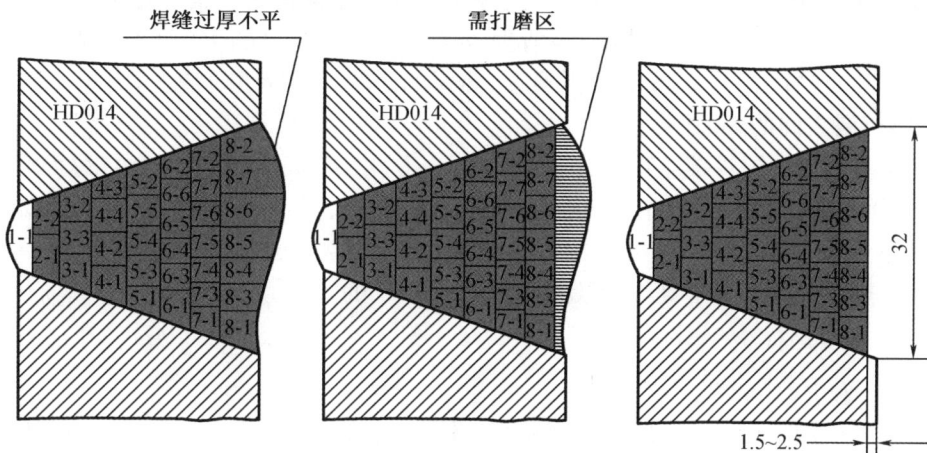

图 4-49 盖面前示意图(尺寸单位:mm)

工艺规程提出了控制热输入(熔焊时由焊接能源输入给单位长度焊缝上的热能)的要求,所以当我们按照 HAF603 标准焊接时,要严格控制层道数量和焊接电流范围。在小范围、微摆动、快速度焊接时,可以有效地控制热输入量。一般 30 mm 厚度的试板,填充层层数至少 6 层。根据规程 GC-11-083 的规定,试件焊缝填充 ≥8 层,除去盖面和打底各一层,填充至少在 6 层以上才能达到焊缝金属的最低填充层数。例如,30 mm 板对接焊,焊道分布如图 4-50 所示,仅供参考。

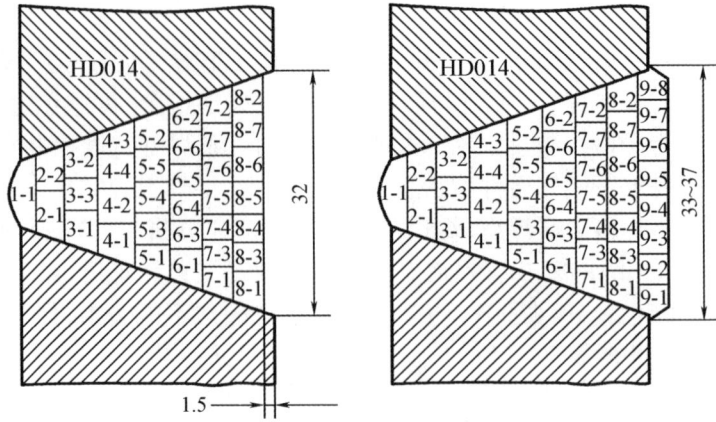

图4-50　焊道分布图(尺寸单位:mm)

5. 打磨

为了焊接出优质焊缝,要掌握"三磨"要领。

(1)焊道接头焊前磨

当引燃一根焊条焊接时,接头的电弧引燃处和收弧处是最容易出现焊接缺陷的地方。例如,电弧引燃处由于刚开始引弧保护不好易出现氮气孔,收弧处由于化学成分不均造成偏析易出现弧坑裂纹,所以一条优质的焊缝提倡磨两头留中间。

(2)焊道与焊道的搭接处焊前磨

在焊接宽的坡口焊缝时,需要几条焊道焊接一层。道与道之间搭接量的最低要求不能小于1/3,所以在焊接第二道焊缝前,要清理打磨第一道搭接量的1/3处,特别是易咬边带有沟槽的焊趾处要打磨干净,做到圆滑过渡,热影响区的2/3处也要清理打磨干净。

(3)层与层之间的焊前磨

当多层多道焊一层焊接结束后,准备焊接下一层时,若操作不当,整个待焊面会凸凹不平,焊缝表面还会存在咬边、飞溅、裂纹甚至有高于母材熔点的高熔点氧化物等,如果不及时打磨去除会影响第二层的焊接质量。因此,为了能焊接出优质的焊缝,层与层之间焊前必须打磨。打磨标准为看不到焊缝纹路,磨至能做PT的要求方能继续焊接。

(四)盖面层焊接操作要领

1. 盖面前的操作要领

盖面层焊接为了避免接头脱节、高低差超标、接头错位、宽度差超标,应按下述方法操作:

(1)盖面前需确认试件坡口的两棱边是否完好,若已被破坏需打磨至图4-51所示。

(2)检查填充层的几何形状,需打磨焊缝表面露出金属光泽,打磨焊缝截面形状如图4-51所示。

(3)如图4-49所示,两坡口间的距离为32 mm左右,盖面层的焊接采用ϕ3.2 mm焊条,焊条不做摆动,当采用ϕ3.2 mm焊条时焊接宽度不大于8 mm,所以盖面焊缝的宽度为33~37 mm,为盖满坡口且不产生咬边,盖面层焊道道数为8道,则理论焊缝宽度为36 mm,所以$B=8$ mm在规定的范围,则盖面层焊道道数为8道可行,如图4-52所示。

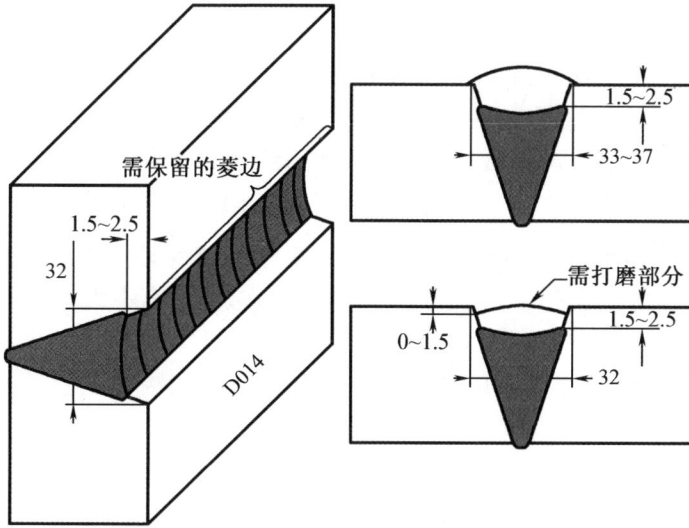

图 4 – 51　盖面前预留棱边示意图(尺寸单位:mm)

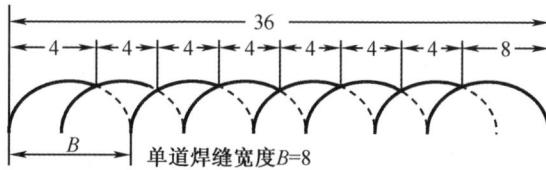

图 4 – 52　1/2 搭接量理论焊缝宽度示意图(尺寸单位:mm)

$$理论焊缝宽度 = 单道焊缝宽度 B \times (1/2\ 搭接量) \times 7\ 条 +$$
$$最后一道焊缝宽度和每侧增宽$$
$$\approx 8/2 \times 7 + 8$$
$$\approx 36\ mm$$

(4)如图 4 – 51 所示,填充层几何形状过高或凸出,应打磨至所需要求,如过低应填充一层后再打磨至所需要求。

2. 盖面层焊接的操作要领

(1)焊接顺序由下到上,最后焊道电流稍微偏小,便于控制电弧,坡口边缘熔合 0.5 ~ 2 mm,避免焊趾处产生咬边。操作时手要稳,焊接角度要正确,道与道间搭接合理,盖面时焊缝的焊道至少要有一个焊道接头。接头控制方法:电弧引燃后立即压低电弧,短弧操作并引向焊缝起点,即弧坑轮廓线摆动由窄到宽,使焊缝与弧坑轮廓线相吻合,当摆动宽度达到正常焊缝宽度时,使保持下去正常焊接。注意接头动作要稍快,避免接头处过高。

焊接过程中,短弧操作,坡口的边缘处应稍做停留,观察熔池金属将边缘完全熔合 0.5 ~ 2 mm,始终要注意边缘既应熔合好,又要符合尺寸要求。熔池要呈椭圆形,保持熔池的形状大小均匀一致,熔渣既要紧跟熔池,又要与铁水分开,使熔池始终保持清晰明亮。

(2)盖面层焊接完后,焊缝表面保持原始焊缝不允许打磨。

(3)在盖面过程中,推力电流无须打开,引弧电流调至 4 A 左右为宜。

（五）背面清根

背面清根时用角向砂轮机上砂轮片打磨，不允许在试板上使用炭弧气刨，从而增加焊缝的碳含量。打磨至所需深度（至少 5 mm）并成 U 形，底部应圆滑过渡，不能过窄，坡口宽度应有 8～14 mm，并确认打底焊缝（序号 1）和缺陷全部清理干净，方可进行焊接。

（六）封底焊

封底焊采用两层两道焊，为了避免接头脱节、高低差超标和接头错位，焊接过程中应短弧操作，焊接第一层道后把焊缝打磨平整，并保证坡口边角留有不大于 2 mm 的余量以防咬边。在封底焊盖面时焊至两侧坡口边缘处应稍做停留，观察熔池金属将边缘完全熔合 1.5～2 mm。封底焊焊缝呈微凸弧形，焊高不允许超过盖面层焊高，焊完后焊缝表面保持原始焊缝不做打磨。

（七）焊道记录图、焊接参数与层温记录表

焊接过程中，焊接参数、层温和焊道分布图应记录到监考记录表上（表 4-25），层间温度测三点。

表 4-25　监考记录表

焊工项目考试施焊及监考记录表		施焊及监考记录表编号：JK（NS）-13-×××					
		考试计划编号：×××-JH-13-10					
项目代号		HD P GW Ⅵ c t30h80 PC bs					
焊工姓名		李××		工位编号		×××-H-××	
考试用焊接工艺规程编号		GC-11-083		焊工项目考试编号		083-A×××	

焊道序号	焊材规格/mm	电流极性	电流/A	电压/V	焊速/(mm·min⁻¹)	预热温度或层间温度/℃	保护气体流量/(L·min⁻¹) 正面	背面	其他
定位焊	φ3.2	直流反接	100	23.5	—	28 28 28	—		E308L-15
1-1	φ3.2	直流反接	100	23.5	—	54 53 57	—		E308L-15
2-1	φ3.2	直流反接	100	23.5	—	61 62 64	—		E308L-15

表 4-25（续1）

焊道序号	焊材规格/mm	电流极性	电流/A	电压/V	焊速/(mm·min⁻¹)	预热温度或层间温度/℃	保护气体流量/(L·min⁻¹)		其他
							正面	背面	
2-2	φ3.2	直流反接	105	24.0	—	89 87 85	—	—	E308L-15
3-1	φ4.0	直流反接	135	24.0	—	122 125 124	—	—	E308L-15
3-2	φ4.0	直流反接	136	25.0	—	152 154 155	—	—	E308L-15
3-3	φ4.0	直流反接	137	25.0	—	161 162 164	—	—	E308L-15
4-1	φ4.0	直流反接	135	24.0	—	165 167 166	—	—	E308L-15
4-2	φ4.0	直流反接	135	24.0	—	161 162 164	—	—	E308L-15
4-3	φ4.0	直流反接	136	24.5	—	152 154 155	—	—	E308L-15
4-4	φ4.0	直流反接	136	24.5	—	165 167 166	—	—	E308L-15
5-1	φ4.0	直流反接	137	25.0	—	161 162 164	—	—	E308L-15
5-2	φ4.0	直流反接	135	24.0	—	165 167 166	—	—	E308L-15
5-3	φ4.0	直流反接	136	25.0	—	152 154 155	—	—	E308L-15
5-4	φ4.0	直流反接	137	25.0	—	161 162 164	—	—	E308L-15
5-5	φ4.0	直流反接	135	24.0	—	165 167 166	—	—	E308L-15
6-1	φ4.0	直流反接	135	24.0	—	165 167 166	—	—	E308L-15
6-2	φ4.0	直流反接	136	24.5	—	172 175 174	—	—	E308L-15
6-3	φ4.0	直流反接	136	24.5	—	161 162 164	—	—	E308L-15
6-4	φ4.0	直流反接	137	25.0	—	165 167 166	—	—	E308L-15
6-5	φ4.0	直流反接	155	24	—	161 162 164	—	—	E308L-15
6-6	φ4.0	直流反接	135	24.0	—	165 167 166	—	—	E308L-15
7-1	φ4.0	直流反接	136	25.0	—	165 167 166	—	—	E308L-15
7-2	φ4.0	直流反接	137	25.0	—	161 162 164	—	—	E308L-15
7-3	φ4.0	直流反接	135	24.0	—	165 167 166	—	—	E308L-15
7-4	φ4.0	直流反接	135	24.0	—	172 175 174	—	—	E308L-15
7-5	φ4.0	直流反接	136	24.5	—	172 174 175	—	—	E308L-15
7-6	φ4.0	直流反接	136	24.5	—	160 160 162	—	—	E308L-15
7-7	φ4.0	直流反接	137	25.0	—	172 175 174	—	—	E308L-15
8-1	φ4.0	直流反接	135	24.0	—	165 167 166	—	—	E308L-15
8-2	φ4.0	直流反接	136	25.0	—	161 162 164	—	—	E308L-15
8-3	φ4.0	直流反接	137	25.0	—	172 175 174	—	—	E308L-15
8-4	φ4.0	直流反接	135	24.0	—	160 160 162	—	—	E308L-15
8-5	φ4.0	直流反接	135	24.0	—	161 162 164	—	—	E308L-15
8-6	φ4.0	直流反接	136	24.5	—	172 175 174	—	—	E308L-15

表 4 – 25（续 2）

焊道序号	焊材规格/mm	电流极性	电流/A	电压/V	焊速/(mm·min⁻¹)	预热温度或层间温度/℃	保护气体流量/(L·min⁻¹) 正面	背面	其他
8 – 7	φ4.0	直流反接	136	24.5	—	165 167 166	—	—	E308L – 15
9 – 1	φ3.2	直流反接	100	23.5	—	165 167 166	—	—	E308L – 15
9 – 2	φ3.2	直流反接	105	24.0	—	172 175 174	—	—	E308L – 15
9 – 3	φ3.2	直流反接	100	23.5	—	172 175 174	—	—	E308L – 15
9 – 4	φ3.2	直流反接	105	24.0	—	165 167 166	—	—	E308L – 15
9 – 5	φ3.2	直流反接	100	23.5	—	161 162 164	—	—	E308L – 15
9 – 6	φ3.2	直流反接	105	24.0	—	172 175 174	—	—	E308L – 15
9 – 7	φ3.2	直流反接	100	23.5	—	165 167 166	—	—	E308L – 15
9 – 8	φ3.2	直流反接	110	24.0	—	172 175 174	—	—	E308L – 15

参考焊工(签字):李××   监考人(签字):监考一号

五、焊后检查

（一）外观检查

1. 试件的检验项目、检查数量和试样数量

焊工、焊接操作工操作技能考试试件的检验项目、检查数量和试样数量见表 4 – 26。每个试件应先进行外观检验,合格后再进行其他项目检验。

表 4 – 26　试件检验项目、检查数量和试样数量

试件形式	试件厚度/mm	检验项目 外观检验/件	射线检验/件	冷弯试验/个 面弯	背弯	侧弯
坡口焊缝试件板对接	≥30	1	1	—	—	2

注:①表中外观检验试件数量即考试试件数量。
　　②当试件厚度≥10 mm 时,可以用 2 个侧弯试样代替面弯和背弯试样。

2. 外观检验

试件的外观检验,采用目视或 5 倍放大镜进行。手工焊的板材试件两端 20 mm 内的缺陷不计,焊缝的余高和宽度可用焊缝检验尺测量最大值和最小值,但不取平均值,单面焊的背面焊缝宽度可不测定。

3. 试件焊缝的外观检验要求

试件焊缝的外观检验应符合下列要求：

焊缝表面应是焊后原始状态，不允许加工修磨或返修。

焊缝外形尺寸应符合表4－27的规定以及下列要求：

表4－27　焊缝外观检查表

余高 /mm	余高差 /mm	比坡口每侧增宽 /mm	宽度差 /mm	焊缝边缘直线度 /mm	变形角度 $\theta/(°)$	错边量 /mm
0～4.0	≤3	0.5～2.5	≤3	≤2	≤3	≤2

注：板状试件焊后变形角度 $\theta \leqslant 3°$，试件的错边量不得大于 $10\% T$，且 $\leqslant 2$ m。

（1）焊缝边缘直线度：手工焊≤2 mm；机械化焊≤3 mm。

各种焊缝表面不得有裂纹、未熔合、夹渣、气孔、焊瘤和未焊透。机械化焊的焊缝表面不得有咬边和凹坑。

（2）一个考试项目的所有试件外观检验的结果均符合表4－27各项要求，该项试件的外观检验为合格，否则为不合格。

4. 民用核安全设备焊工项目考试外观检验报告

HAF603－HD014项目考试外观检验报告表的格式见表4－28。

表4－28　HAF603－HD014项目考试外观检验报告

报告编号：WG(NS)－11－焊考－×××

实施计划编号	×××－11－××－××	焊工项目考试编号（试件编号）	083－考号
焊工姓名	李××	依据标准	HAF603－2008
焊接方法	HD	母材牌号和规格	0Cr18Ni9 300 mm×125 mm×30 mm
试件形式	板对板	焊接位置	PC
原始状态		原始	
焊缝余高		裂纹	咬边
2.5～3.0 mm		无	$h \leqslant 0.5$ mm；$L = 20$ mm
焊缝余高差		未熔合	背面凹坑
0.5 mm		无	—
比坡口每侧增宽		夹渣	变形角度
1.5～2.0 mm 1.0～2.5 mm		无	1°
宽度差		气孔	错边量
1.5 mm（36～34.5 mm）		无	0.5 mm
焊缝边缘直线度		焊瘤	角焊缝凹凸度
1.5 mm		无	—

表 4 - 28(续)

背面焊缝余高	未焊透	焊脚尺寸
1.5 mm	无	—
堆焊焊道高度差	堆焊凹下量	通球检验
—	—	—
堆焊焊道平面度		
—		
外观检验结果(合格、不合格)	合格	检验日期 ×××.××.××
检验人员	监考一号	证书号 ××××
复审人员	监考二号	证书号 ××××

(二)射线探伤

试件的无损检验应符合核安全设备 I 级焊缝检验要求的规定;试件按 HAF603 附件 2 中的表 1 和 2.3 条款做射线探伤。

(三)弯曲检验

试样按表 4 - 29 做 2 个侧弯试验。

表 4 - 29　弯曲检验标准

	试样类型	试样号	取样位置	试样尺寸 (厚 mm × 宽 mm)	弯曲角度/(°)	弯头直径 /mm	结果
弯曲试验	侧弯	083 - A××× - P1	按标准	10 × 30	180°	46	
	侧弯	083 - A××× - P2	按标准	10 × 30	180°	46	
	验收标准:试样弯曲后,其拉伸面上不得有任何一个横向(试样宽度方向)裂纹或缺陷的长度大于 1.5 mm、纵向(试样长度方向)裂纹或缺陷的长度大于 3 mm。对于堆焊试样检验区不应出现明显裂缝,单个裂纹、气孔或夹渣的长度不得大于 3 mm						
	试验设备:			设备编号:			
	试验员/日期:			审核/日期:			

六、结束语

HAF603 - HD014 技能培训项目是民用核安全设备焊工培训、考试和取证基本项目之一,故学习和掌握该项目的操作技术非常重要,对于保证核电设备的焊接质量至关重要。通过长期的培训实践证明,本书所介绍的操作技术不仅方便焊工学习和掌握,焊接质量好,合格率高,而且缩短了培训周期,是一种行之有效地焊接技能操作技术。

HAF603 - HD014 项目的焊接适用范围,见表 4 - 30。

表 4 - 30　HAF603 - HD014 项目的焊接适用范围

聘用单位名称			项目代号编号	H - ×××- 96
焊工项目考试合格项目代号	HD P GW Ⅵ c t30h80 PC bs			
变素	代号	含义	适用范围	
焊接方法	HD	焊条电弧焊	焊条电弧焊	
试件形式	P	板 - 板接头	P 接头	
			管外径: D≥150 mm 的 T 接头	
焊缝形式	GW	P 接头的对接焊缝	GW 焊缝	
			FW 焊缝	
母材类别	Ⅵ	奥氏体不锈钢	仅限Ⅵ材料	
焊接材料	c	低氢型焊条	a、b、c	
焊缝金属厚度	t30 h80	焊缝金属厚度: 30 mm 障碍板高: 80 mm	5 ~ 140 mm	
焊接位置	PC	横焊	PA、PB、PC	
焊接要素	bs	双面焊	单面焊带衬垫，或双面焊均可	
专用焊工项目考试工艺评定编号	—			
Y 类专项考试焊机型号	—			
Z 类专项考试举例名称	—			

第五节　焊条电弧焊异种钢骑座式管 - 板接管 组合焊缝水平固定立向上焊

　　本节根据 HAF603 法规和核电质量保证基本要求，按异种钢骑座式管 - 板接管组合焊缝水平固定立向上焊条电弧焊技能操作项目的要点简介、焊接工艺规程、焊前准备、焊接操作方法、焊后检查等方面进行讲解。

　　为了叙述方便，HAF603 项目代号为 HD P - T GW/FW Ⅰ/Ⅲ（Ⅰ）c t26D57 PF ss mb 的异种骑座式钢管 - 板接管组合焊缝水平固定立向上焊条电弧焊以下均称为"HAF603 - HD042"。

一、本项目要点简介

　　低合金钢是在低碳碳素结构钢的基础上，加入少量的其他合金元素（一般不超过 5%），以提高钢材的强度，并保持一定的韧性，或使其具有某些特殊性能，如耐低温、抗氧化等。低合金结构钢的分类因其参照点和目的的不同，有多种不同的分法。

　　本项目所用板材为 20MND5 或等效材料的钢，这类屈服极限在 392 ~ 490 MPa 的低合金结构钢属于低合金高强钢,一般的供货状态为正火或正火加回火,这类钢因具有综合的力学性能,被广泛用于制造压力容器等。而管子所用的材料为 P295GH 或等同的钢,这类材料为普通碳钢,具有最优良的焊接性,因此低碳钢与低合金结构钢焊接时的焊接性仅决定于低合金结构钢本身的焊接性。异种钢焊接因其化学成分复杂、焊接结构多样化以及所采用的壁厚、接头形式、焊接方法等的不同,表现出不同的焊接特点。

低合金结构钢焊接时,焊接材料的选择应保证焊缝金属的强度、韧性和塑性符合技术要求,做到焊缝与母材等强度或略高于母材。异种钢焊接时还要同时兼顾焊缝金属的韧性,塑性指标以及抗裂性。

(一)适用范围

本教案适用于核电低合金钢管－板角接水平固定立向上位置焊条电弧焊的技能培训,也可作为核电技能教师在培训学员时的教学方案。

(二)教案编写依据

(1)《民用核安全设备焊工焊接操作工资格管理规定》(HAF603)2008 年版。

(2)焊条电弧焊异种钢骑座式管－板接管组合焊缝水平固定立向上焊焊接工艺规程,编号:GC－10－071。

(3)适用性文件《预热、层温、后热和焊后消除应力热处理总要求》《对焊接操作的附加要求》和《焊接的总要求》。

(三)要点简介

(1)焊条电弧焊异种钢骑座式管－板接管组合焊缝水平固定立向上焊是属于操作技术难度较大的一个项目,对焊工的技能要求较高。

由于管壁与板的厚度相差比较大,坡口两侧导热情况不同,要保证焊缝外表均匀美观、焊脚尺寸对称,需要操作者利用焊条的角度和电弧来控制热量分布、熔池位置、形状与大小。

(2)焊条电弧焊是焊接低合金钢的传统焊接方法,具有灵活、不受焊接位置限制以及焊接质量可以保证等优点。其缺点是生产效率低,工作强度大,焊接工艺参数波动大。低合金钢的立向上焊要注意热输入的控制,即小的焊接规范(小电流、快速度、微摆动、多层多道)。

(3)低合金钢的焊接主要是防止气孔、夹渣、咬边、冷裂纹的产生。水平固定立向上焊位置的操作难度在于液态金属由于重力作用下坠,容易产生夹渣和焊瘤,焊缝位置的多元化也给操作带来了困难。因此,焊接时一定要严格控制好焊条角度、层间温度、运条方向,进行短弧操作。

(四)焊工项目考试工艺评定确认

1. 组合焊缝确认

管板焊接的考试分为不开坡口角焊缝和开坡口组合焊缝。管板不开坡口角焊缝不在本节讨论范围,本节只讲开坡口组合焊缝。

开坡口组合焊缝产品即接管焊接,分为插入式和骑座式。

(1)插入式开坡口管板如图 4－53 所示。原则上只要试件在深度方向加工过都视为坡口,倒角算不算开坡口。图 4－53 考试项目代号应为 HWS P－T GW/FW Ⅵ 02 t4.8 D22.17 PE/PD ss mb。

（2）水平固定立向上位置的骑座式接管焊缝（GW + FW 的组合焊缝）如图 4 - 54 所示，焊缝的熔敷厚度按支管焊缝厚度计算，外径以支管外径为准。图 4 - 54 考试项目代号应为 HD P - T GW/FW Ⅰ/Ⅲ（Ⅰ）c t26 D57 PF/PF ss mb。

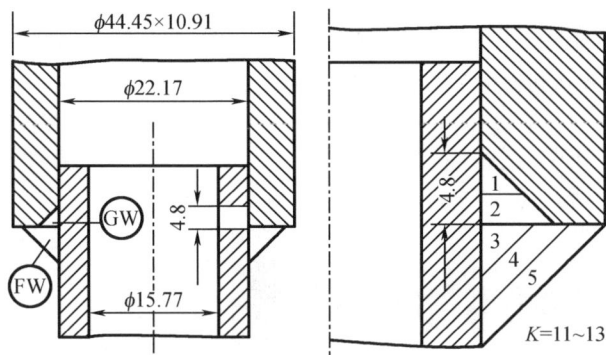

图 4 - 53　插入式组合焊缝（尺寸单位：mm）

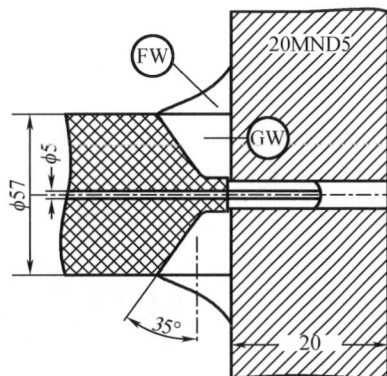

图 4 - 54　骑座式组合焊缝（尺寸单位：mm）

（3）组合焊缝代号填写讨论：

图 4 - 54 骑座式组合焊缝我们可以将之看成两个考试项目的组合：坡口焊缝考试项目加上角焊缝考试项目。项目考试代号为 HD T - T GW Ⅰ/Ⅲ（Ⅰ）c t26 D57 PF ss mb + HD P - T FW Ⅰ/Ⅲ（Ⅰ）c T26 D57 PF ml。

焊接工艺人员在填写生产焊接数据包或流转卡中焊工资质一栏时，常把组合焊缝角接接头错填成角焊缝（此为基本概念混淆，把焊缝形式混淆成接头形式）。图 4 - 55 所示为项目 HD P - T FW Ⅰ/Ⅲ（Ⅰ）c T26 D57 PF ml，没有了坡口焊缝，是 P - T 水平固定角焊缝，焊接操作难度系数和适用范围减小了，适用范围不会按组合焊缝的支管壁厚和支管外径计算。

如果把组合焊缝 GW/FW 填成坡口焊缝，例如图 4 - 56，考试项目代号为 HD T - T GW Ⅰ/Ⅲ（Ⅰ）c t26 D57 PF ss mb，则把此项目视为管 - 管水平固定对接加障碍的坡口焊缝，没有了角焊缝，如图 4 - 56、图 4 - 57 所示。如此则操作难度系数和适用范围可以覆盖了，但外观检验测时按坡口焊缝则无法进行。

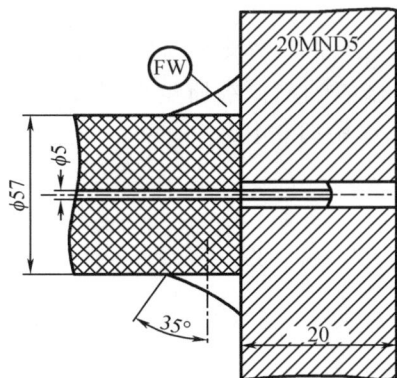

图 4 - 55　P - T 角焊缝图（尺寸单位：mm）

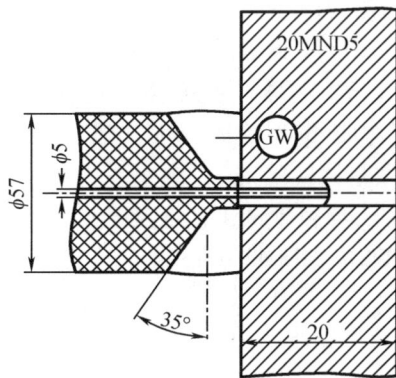

图 4 - 56　P - T 坡口对接焊缝图（尺寸单位：mm）

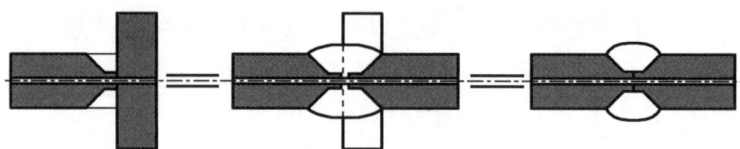

管坡口加障碍水平固定焊=管坡口水平固定焊

图 4-57　P-T 坡口对接焊缝转换 T-T 坡口对接焊缝示意图

P-T 水平固定骑座式组合焊缝(GW/FW)正确叫法应为角接接头组合焊缝,将接管焊接组合焊缝分解成坡口焊缝(GW) + 角焊缝(FW)的分解示意图如图 4-58 所示。

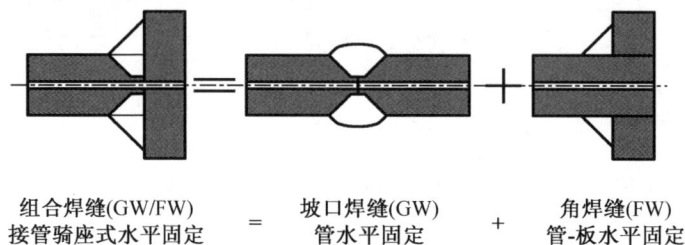

组合焊缝(GW/FW)　　　　坡口焊缝(GW)　　　　角焊缝(FW)
接管骑座式水平固定　　　管水平固定　　　　　管-板水平固定

图 4-58　接管焊接组合焊缝分解成坡口焊缝加角焊缝示意图

按 GB/T 3375—1994 接头形式有 12 种,是工艺评定研究的内容,在此不展开讨论。在焊工项目考试代号中,组合焊缝 GW/FW 和组合位置 PF/PF 写全了才能全面展示所有变素和内容,缺一不可。表 4-31 明确描述了组合焊缝含义。

表 4-31　对接和角接组合焊缝表示方法

序号	简图	坡口形式	接头形式	焊缝形式
19		K	T 形接头	对接和角接组合焊缝

2. 按角焊缝(FW)检验

因为 HD042 骑座式接管焊缝是 GW + FW 的组合焊缝,焊后外观检验如果按 GW 来填写检查记录表,则每侧增宽、焊缝边缘直线度等项目将无法检查,内在质量按管坡口焊缝则力学性能弯曲、断口检验也无法进行,所以只能按角焊缝检验(外观按 FW 的检验标准填写,内部做金相检验)。

3. 焊工项目考试工艺评定确认记录表

HAF603 - HD042 项目的考试工艺评定确认记录表,见表 4-32。

表 4 - 32 HAF603 - HD042 项目考试工艺评定确认记录表

焊工考核中心:×××　　　　　　　　编号:×××- PDQR - 13 - 05 Rev:A

焊工项目考试项目代号	HD P - T GW/FW I / III（ I）c t26 D57 PF/PF ss mb		
焊接工艺规程编号	GC - 10 - 071 Rev. B		
焊接工艺评定编号	×××× / TSD - PQR ×××		
焊接工艺评定提供单位	×××	评定有效期	不限
焊接工艺规程依据标准	RCC - M 2000	标准适用工程	×××项目
技能变素	工艺评定试件	工艺评定的覆盖范围	变素代号
焊接方法	111	111	HD
试件形式	P - T	P 或 T(D≥51 mm)	P - T
焊缝形式	GW/FW	坡口焊缝或角焊缝	GW/FW
母材类别	I / III	I / III 或与 I / III 等效材料	I / III
焊接材料	OK 48.00	OK 48.00 或等效焊材	（ I）c
焊缝金属厚度	26 mm	管:13 ~ 52 mm	t26
管材外径	57 mm	D≥51 mm	D57
焊接位置	PF/PF	PA、PB、PD、PE、PF	PF/PF
焊接要素	ss mb	ss mb 或 bs	ss mb
试件检验与 HAF603 的符合性	符合		

结论:该工艺评定按照国家核安全局认可的标准,可以覆盖操作技能考试,同意使用

编制		审核		批准	
日期		日期		日期	

二、HAF603 - HD042 焊接工艺规程

HAF603 - HD042 项目的焊接工艺规程见表 4 - 33。

表 4 - 33 HAF603 - HD042 项目的焊接工艺规程

编号:GC - 10 - 071 Rev. B

技能考试项目代号	HD P - T GW/FW I / III（ I）c t26 D57 PF/PF ss mb		
工艺评定报告编号/依据标准/有效期	×××× / TSD - PQR ××× RCC - M 2007/长期有效	自动化程度/稳压系统/自动跟踪系统	手工焊

表 4-33(续1)

焊接接头		焊接接头简图有衬垫的应标明衬垫的形式和截面尺寸:
坡口形式	骑座式接管 GW/FW 组合焊缝	
衬垫(材料)	P295GH 或等同的碳钢	
焊缝金属厚度	26 mm	
管子直径	φ57 mm	
其他	—	

母材			填充金属	
类别号	Ⅰ + Ⅲ		焊材类型 (焊条、焊丝、焊带等)	焊条
牌号	试板:20MND5 或等同的合金钢 管子:P295GH 或等同的碳钢		焊材型(牌)号/规格	OK48.00 φ2.5 mm、φ3.2 mm、φ4.0 mm
规格	板:160 mm×160 mm×20 mm 数量:2 块 圆棒:φ57 mm L=125 mm 数量:2 根		焊剂型(牌)号	—

焊接位置		保护气体类型/混合比/流量	
焊接位置	保护气体类型/混合比/流量		
焊接位置	水平固定焊(PF/PF)	正面	—
焊接方向	立向上	背面	—

预热和层间温度		焊后消除应力处理	
最低预热温度	125~165 ℃	温度范围	610±5 ℃
最高层间温度	250 ℃	保温时间	1.5~2 h
预热方式	天然气火炬加热	其他	最高进出炉温度:350℃ 最大升降温速率:55 ℃/h

焊接技术			
钨极类型/尺寸	—	焊缝层数范围	9~14 层
直向焊、摆动焊及摆动方法	焊条横向摆动范围不得超过焊芯直径的三倍	熔滴过渡方式	—
背面、打底及中间焊道清理方法		刷理或打磨	

表 4 - 33(续 2)

| 焊层 | 焊接方法 | 焊材 | | 焊接电流 | | 电电压范围/V | 焊接速度/(mm·min⁻¹) |
		型(牌)号	规格/mm	极性	范围/A		
定位焊	HD	OK48.00	$\phi2.5$	直流反接	75~100	22~28	—
			$\phi3.2$	直流反接	100~135		
			$\phi4.0$	直流反接	130~190		
序号1 打底焊	HD	OK48.00	$\phi2.5$	直流反接	75~100	22~28	—
			$\phi3.2$	直流反接	100~135		
			$\phi4.0$	直流反接	130~190		
序号2 填充焊	HD	OK48.00	$\phi2.5$	直流反接	75~100	22~28	—
			$\phi3.2$	直流反接	100~135		
			$\phi4.0$	直流反接	130~190		
序号3 盖面焊	HD	OK48.00	$\phi2.5$	直流反接	75~100	22~28	—
			$\phi3.2$	直流反接	100~135		
			$\phi4.0$	直流反接	130~190		

焊接参数

工艺说明	施焊操作要领
工艺说明: (1)本规程根据《民用核安全设备焊工焊接操作工资格管理规定》(HAF603)编制; (2)操作考试前,应当在主考人、监考人与焊工共同在场确认的情况下,在试件上标注焊工项目考试编号; (3)焊工可根据规程标明考试用焊条来自定规格; (4)焊接完成后,试件按 HAF603 附件 2 中的表 1 和 2.2 条款做 2 个外观检验; (5)任一试件按 HAF603 附件 2 中的表 1 和 2.3 条款做渗透探伤; (6)试件无损检验合格后按热处理要求进行热处理,并出具热处理报告; (7)试样按 HAF603 附件 2 中的表 1 和 2.5 条款做 4 个金相试验	操作要领: (1)操作考试前,参考焊工应将坡口表面及两侧 25 mm 范围内清理干净,去除铁屑、氧化皮、油、锈和污垢等杂物。 (2)定位焊缝不得放在六点处。 (3)每道焊缝焊接前应检查温度,在焊接中断且温度降至低于最低预热温度之前,须进行后热处理。后热温度:200~240 ℃;最短后热时间:2~2.5 h;后热方式:天然气火炬加热。 (4)第一层焊缝中至少应当有一个停弧再焊接头。 (5)焊缝表面最后一层应保持原始状态,不允许修磨和返修

编制单位名称	

三、焊前准备

(一)试件

1. 试板和管子材质、规格和数量

试板材质:20MND5 或等同的合金钢　　　规格:160 mm × 160 mm × 20 mm　　　数量:2 块

管子材质:P295GH 或等同的碳钢　　　规格:$\phi 57$ mm　$L = 125$ mm　　　数量:2 根

2.试件清理

必须去除表面氧化物,并且不得存在任何氧化痕迹,试板坡口两侧及背面 25 mm 范围内的油、锈、氧化皮等应清理干净,直至露出金属光泽。

3.定位焊

定位焊不得标记在六点位置处。

4.试件标识

在试件上标注焊工项目考试编号。

(二)工具

钳式电流电压表、数字型接触式测温仪、低应力钢印、电动角向磨光机、敲渣锤、核电保温桶、手持式面罩、接线盘、砂轮片、焊条头回收桶、钢丝刷、钢角尺。

(三)防护

操作人员应穿戴好工作服、工作帽、劳保鞋、口罩、耳塞、手套、防护眼镜、面罩等。

(四)焊接设备及焊接工装夹具的检查

(1)启动焊机前,检查各处的接线是否正确、牢固可靠,电流表和电压表应在有效期内。

(2)检查工装夹具是否齐全、可正常使用。

(3)引弧电流和推力电流辅助按钮的使用。

①引弧电流按钮:使电压增高,易引弧不粘连,焊接过程中电弧稳定燃烧。焊工应根据每个人的特点来调节引弧电流,焊接出达标的焊缝。

②推力电流按钮:在瞬时叠加一个峰值电流(例如 0.04 s 瞬时叠加 10~90 A)保证熔深和焊透。单面焊双面成形打底焊接时常用此种方法,以脉冲电流的形式击穿坡口,形成规则熔池,铁水冷却后背面得到达标焊缝。填充层和盖面层焊接时要慎用或不推荐使用推力电流。不然强大的峰值电流会产生密集暴跳的金属飞溅物,溅落在熔池、焊缝或焊缝周围,造成不应有的夹渣等缺陷。

(4)按焊接工艺规程调试焊接电流,并用钳型电流电压表检查焊接参数是否在规定的范围内,钳形电流电压表应经过检定并在有效期内。

下面简单介绍一下钳型电流电压表的正确使用方式:

①将旋转功能开关转至需要的电流量程范围。

②按 AC/DC 按钮选择要测试的电流种类。一般都选"DC"直流。(直流、交流两种类型,默认是交流电流。)

③如要进行直流测量,先等待显示屏稳定,然后按 ZERO 按钮将仪表归零。(注意:在归零仪表之前,请确保钳口已闭合并且钳口之间没有导线。)

④按住钳口开关,张开夹钳并将待测导线插入夹钳中。

⑤闭合夹钳并用钳口上的对准标记将导线居中。

⑥查看液晶显示屏上的读数。

(五)文件准备

焊前需准备焊接用工艺规程、流转卡、质量计划、适用性文件和监考记录表。

（六）预热

1. 预热的目的

焊接开始前,对焊件的全部(或局部)进行加热的工艺措施叫预热。预热的目的是防止冷裂纹缺陷的产生。

2. 预热措施

试件放在加热平台上进行整体加热,天然气加热装置需两个以上才能保证整体加热温度均匀的指标。

根据焊接工艺规程 GC – 10 – 071 得知,预热温度为 125～165 ℃,基于低合金钢材易产生冷裂纹的特征,尤其在寒冷的冬季室温很低时,推荐预热温度偏上限为好。预热装置如图 4 – 59 所示。

测温仪使用接触式测温仪,至少每 30 min 测试件温度(测试件六点,如图 4 – 60 所示)一次,并将六点数据填写在监考记录表中。

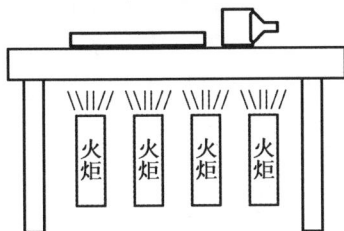

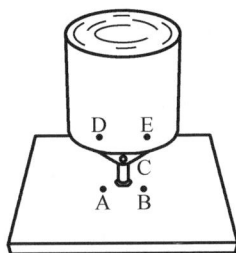

图 4 – 59　加热示意图　　　图 4 – 60　测试件六点示意图

（七）焊材的领用和核电保温桶正确使用

1. 焊材的领用

根据规程 GC – 10 – 071,焊条选用 OK48.00,直径为 φ2.5 mm、φ3.2 mm、φ4.0 mm 的焊条都适用。由于本教案中的管子直径较小且是全位置焊接,故在焊接时建议采用较小直径的焊条。OK 48.00 是低氢型碳钢焊条,抗拉强度不低于 470 MPa,屈服强度大于 265 MPa,适合交直流两用,可进行全位置焊接。

工应凭流转卡、员工证到焊材烘焙库领取已经烘干好的焊材,焊材领出后需放入核电保温桶中,以防止焊条中的含氢氧量增加。核电保温桶应保持恒温,温度为 100～150 ℃。焊材的领取不能一次性领取过多,φ2.5 mm 领取 15～20 根、φ3.2 mm 领取 25 根左右为宜,在领取焊材时需确认该焊材的炉批号和检验编号。

2. 核电保温桶正确使用

焊工应使用经过验证合格的核电保温桶(核电保温桶上有检验合格标签和有效期标志),领用焊条后配合变压器在工位上通电使用。

3. 焊条的使用

戴干净的手套,从核电保温桶里拿出一根焊条后盖上盖子,防止保温桶里的焊条含氢氧量增加。OK48.00 焊条引弧时容易出现氮气孔,所以引弧部分需要打磨。

4. 焊条头的回收

焊接一根焊条后,剩余的焊条头需放入回收桶内,焊条头的长度应不小于 50 mm。因为当焊接工艺参数过大,整根焊条焊到最后剩余过短,焊条药皮中起造气作用的纤维物在高温作用下提前燃烧释放或药皮脱落,保护效果不好,易出现氮气孔等焊接缺陷。而且焊条焊到最后在高温作用下呈现红色,焊条内合金元素严重烧损,导致接头性能下降,强度降低。

四、焊接操作方法

(一)装配与定位焊

首先将打磨好的管子插入到管板的孔内,用钢角尺测量管子与管板的垂直度,然后进行定位焊,定位焊所使用的焊条和正式焊接时所使用的焊条应相同。定位焊焊缝一处,长度 <20 mm,定位焊缝不能太厚,以免焊接到定位焊缝的焊缝接头处时,根部熔合不好,产生焊接缺陷。如果遇到这种情况,应将定位焊缝磨低些,两端磨成斜坡状,以便焊接至定位焊缝接头处时使焊缝接头过渡良好,保证焊透。

定位焊缝是正式焊缝的一部分,必须焊牢,不允许有缺陷。如果定位焊缝上发现裂纹、气孔等焊接缺陷,应该将该段定位焊缝打磨掉,重新焊接,不允许用重熔的方法修补。

将管板角接试件在空间水平位置进行固定,由于在焊接过程中每一点的位置均不同,为表示清楚起见,常用时钟的钟点符号来表示该点的焊接位置,如图 4-61 所示。

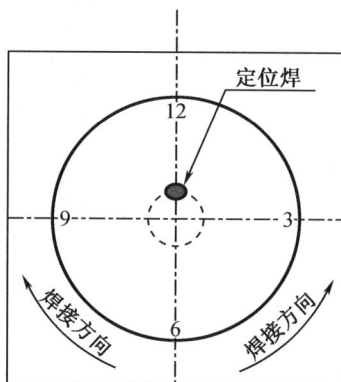

图 4-61 水平固定位置焊接方向图

(二)打底层焊接操作要领

管板水平固定焊同时包括平焊、立焊和仰焊三种位置,焊缝呈环行。焊接时,试件不动,将其分成左、右两个半圈进行施焊。焊工沿着坡口自下而上进行焊接,并且都是从仰焊位置开始起焊,在平焊位置收尾。下面将管板分为左右两个半圈进行操作介绍。

1. 右半圈施焊操作要点(逆时针方向)

(1)引弧:打底时采用较小直径 $\phi 2.5$ mm 的焊条(使用前要检验,挑选不偏心、不破皮、端头圆滑易引弧的焊条),引弧时,在管子与板的连接处 A 点(时钟 7 点)位置处用撞击法将电弧引燃,然后压低电弧并停留 $1 \sim 2$ s,建立起第一个熔池,再将焊条端部轻轻顶在管子与管板的间隙处,由逆时针方向进行快速施焊。施焊时,应使管子与管板达到充分熔合,同时焊缝也要尽量薄些,以利于与后半圈焊道连接平整。打底层引弧时的焊条位置如图 4-62 和图 4-63 所示。

(2)当焊至 6~5 点位置时,采用斜锯齿形的运条方式,焊条端部摆动的斜倾角度应逐渐变化。在 6 点位置时,焊条摆动的轨迹与垂直水平线倾角呈 30°;当焊至 5 点时,倾角呈

10 ~ 15°,运条时,向下方摆动要快,焊到底板面(即熔池斜下方)时要稍做停留;向斜上方摆动相对要慢,到管壁处稍做停留,使电弧在管壁一侧的停留时间要比在底板一侧略长些,可增加管侧的焊脚尺寸。在 5 ~ 2 点位置时,焊条摆动的轨迹与垂直水平线呈 85°~ 90°,采用横向摆动或扁椭圆形运条,增加电弧在熔池两侧的停留时间,把熔敷金属均匀地分布在熔池上,使焊缝成形平整。在 2 ~ 12 点位置时,为避免因熔池金属在管壁一侧的聚集而造成焊脚高度不够或者咬边,应将焊条端部偏向底板一侧,做轻微的斜锯齿运条,并且电弧在底板侧停留时间稍长一些。当施焊至 12 点位置时,在熔池处多停留 2 ~ 3 s,待弧坑饱满后收弧。打底时前半圈焊缝的焊条角度如图 4 – 64 所示。

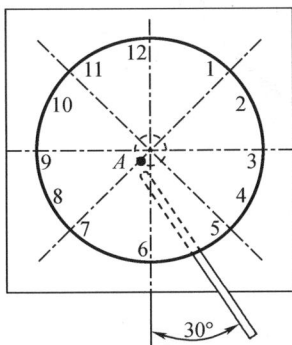

图 4 – 62　打底层引弧时的焊条位置　　　　图 4 – 63　打底层引弧时的焊条位置

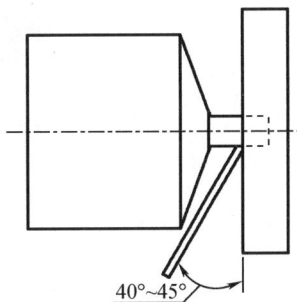

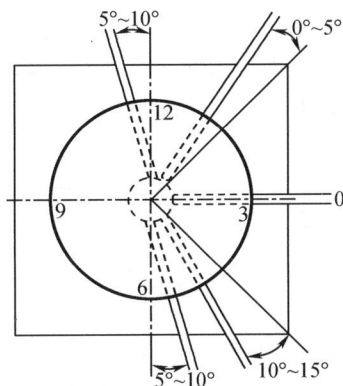

图 4 – 64　打底时前半圈焊缝焊条角度示意图

2. 左半圈施焊操作要点(顺时针方向)

(1)仰焊区

清理打磨:在施焊前应将前半圈焊缝的焊缝熔渣清理干净,焊道处过高或者有焊瘤、飞溅物时,用砂轮片打磨平整圆滑,前半圈的起弧和收弧处必须打磨干净去除缺陷,注意焊道接头的连接。接头形式如图 4 – 65 所示。

引弧:在 5 点位置用撞击法将电弧引燃后压低电弧,以快速微锯齿形运条,由 6 点向 7 点处进行施焊,注意焊道不能太厚。

仰焊区由于刚开始焊接热量比平焊和立焊区都低。所以按平焊区和立焊区的速度焊接,焊缝会在宽度方向减小,余高增加,变成细小焊缝,所以摆动宽度要稍增加而焊接速度要稍慢。

（2）立焊区

在立焊区位置焊接时,焊条摆动的轨迹与垂直水平线呈85°~90°,采用横向摆动或扁椭圆形运条,增加电弧在熔池两侧的停留时间,把熔敷金属均匀地分布在熔池上,使焊缝成形平整。注意不能摆动太大,需保证焊脚尺寸。

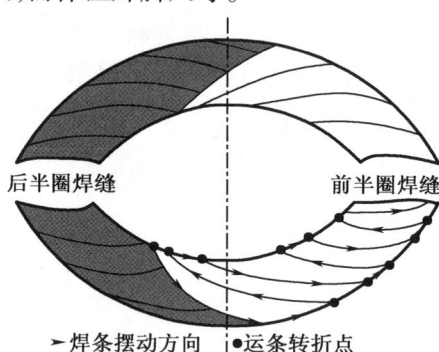

图4-65　接头形式示意图

（3）平焊区

平焊区由于焊接热量比仰焊和立焊区都高,按仰焊和立焊区的速度焊接,焊缝会在宽度方向增加,余高减小,所以摆动宽度要逐渐减小,焊接速度要稍快。

收弧:当焊至12点处与前半圈相连时,须填满弧坑后再断弧。其他位置的焊接操作与前半圈相同。

焊完打底层焊缝后,保持层温不低于125 ℃,还要整圈打磨(一磨焊道接头,二磨焊层厚薄均匀,没有死角,过渡圆滑,焊缝几何形状应平或略微有些凹)。

3. 焊道接头要点

焊缝接头采用冷接法,起弧和收弧处用砂轮片打磨,收弧处磨出圆滑过渡的斜坡状再进行焊接。引弧位置要适当,一定要在离停弧点后10~20 mm焊缝上引弧,然后移至始焊点,待熔池熔透后再继续向前移动,将可能产生的引弧缺陷留在焊缝表面,在下一层焊道焊接之前将前一焊道表面清理打磨干净,去除缺陷。焊道接头操作技术如图4-66所示。

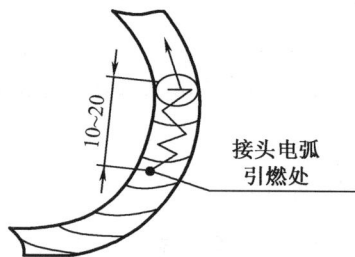

图4-66　焊道接头操作技术示意图(尺寸单位:mm)

4. 收弧要点

焊接结束或电弧中断,都会产生弧坑,若收弧不当,弧坑处常常会出现裂纹、气孔等缺陷。为了克服弧坑缺陷,一般可采用下述两种收弧方法:

划圈收弧法:焊条在收尾处做圆圈运动,直至将收尾处弧坑填满,再拉断电弧。由于本项目的起止接头焊缝均采用搭接接头的方法,故画圈收弧法在本项目中不建议使用。

转移收弧法:焊条在弧坑处稍做停留,慢慢将电弧提高,同时引向边缘坡口侧,凝固后一般不会出现缺陷。适用于换焊条、临时停弧或搭接接头时的收弧。

（三）填充层焊接操作要领

1. 操作要点

（1）采用多层多道摆动焊,操作时也按前后两个半圈进行焊接,第二层焊接方向与第一层方向相反,接头要错开。

（2）焊道接头。焊前先将每层焊道接头（道与道之间露出的小尾巴起弧焊缝）打磨干净使其露出金属光泽,用砂轮片把焊层表面打磨平整后再进行焊接填充,道与道之间收弧处要尽量错开。

（3）焊条的选用。选用$\phi 3.2$ mm 和$\phi 2.5$ mm 的焊条,焊条横向摆动范围不得超过焊芯直径的三倍。对于$\phi 3.2$ mm 建议焊缝宽度不大于 14 mm（焊缝宽度 ＝ 焊条直径 ×3 ＋ 比坡口每侧增宽 ×2 ＝3.2 ×3 ＋2.5 ×2 ＝14.6 mm）。为了防止咬边缺陷产生,每一层最后一道（例如本教案序号 23、29 和 35）建议用$\phi 2.5$ mm 焊条,焊缝宽度不大于 12.5 mm。

（4）运条。每层每道焊道采用之字摆动法,当焊条摆动至两侧时要稍做停顿,从而使焊道与两侧交界处熔合好。每层先焊底板焊道,每道焊缝都必须打磨清理干净,当焊至管子坡口前一焊道时,应注意预留焊道与坡口的宽度,保证焊条的端部能够完全到达焊道根部,避免焊道过窄引起的夹渣及未熔合。

（5）填充层表面要求。最后一层填充焊道焊完后,焊缝表面应离试板表面 1 ～2 mm,管子棱边不能烧损,应保持原始状态。此时焊缝表面呈平行或略呈凹型为最好,然后进行盖面层焊接。盖面前预留的坡口尺寸及填充层形状如图 4 –67 所示。

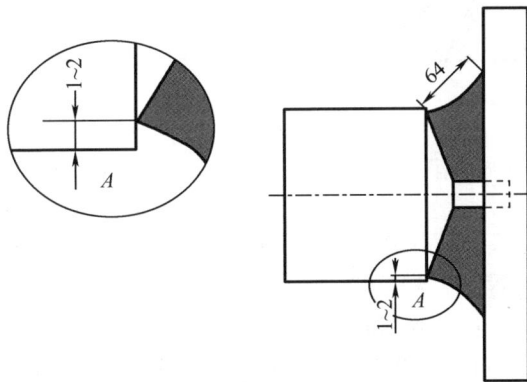

图 4 –67　盖面前预留的坡口尺寸及填充层形状（尺寸单位:mm）

（6）打磨。为了焊接出优质焊缝,要掌握"三磨"要领。

焊道接头打磨:磨两头留中间,引弧处由于保护不好易出现氮气孔,收弧处易偏析出现热裂纹,所以引弧处和收弧处都要打磨。

焊道与焊道的搭接处打磨:首先要磨掉焊道接头处的小尾巴,其次整条焊缝要磨出厚薄一致才达标。

层间打磨:每层都要整圈打磨,要求打磨至看不到焊缝纹路。

（7）保持层温不低于 125 ～250 ℃,在下班或有事终止焊接时要保温或后热。

（8）认真如实填写记录卡,清晰画出焊道分布图。

2. 焊道分布

工艺规程提出了控制热输入(熔焊时由焊接能源输入给单位长度焊缝上的热能)的要求,所以焊接时要严格控制层道数量和焊接电流范围。在小范围、微摆动、快速度焊接时,可以有效地控制热输入量,预防晶粒粗大和裂纹等缺陷的产生。一般 $\phi 51$ mm $\times 20$ mm 厚度的管板填充层层数至少九层,根据规程 GC – 10 – 071 的规定,试件焊缝的填充层数是 9 ~ 14 层,除去盖面和打底各一层,填充至少在八层以上才能达到焊缝金属的最低填充层数。填充层的焊道分布如图 4 – 68 所示。

(四)盖面层焊接操作要领

(1)盖面层焊接要保持道间温度不低于 150 ℃ ,操作时也分前后两个半圆进行焊接,应按下述方法操作:

①打磨几何形状。先打磨焊缝表面露出金属光泽,填充层最后一道应平或略凹,如图 4 – 67 所示。

②盖面采用单层多道焊,采用盖面一层七道焊,前六道采用 3.2 mm,最后一道采用 2.5 mm,则理论焊缝宽度为 66.5 mm,如图 4 – 69 所示。

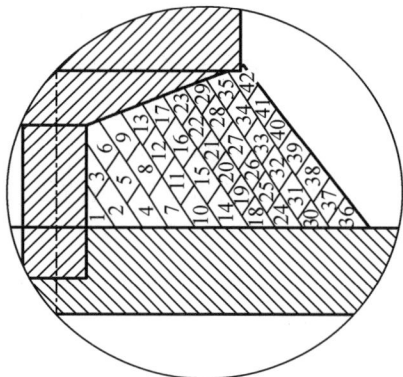

图 4 – 68　填充层的焊道分布图

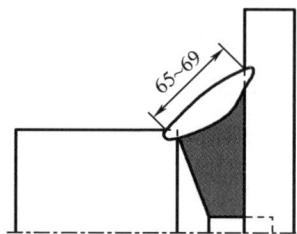

图 4 – 69　盖面层的焊缝设计宽度(尺寸单位:mm)

如果增加搭接量为 1/2,盖面层就变为为 9 道或 10 道。这时焊缝过渡平滑,整体美观,还减少夹渣、未熔合、咬边等焊接缺陷的产生。

如果减少搭接量为 1/4 或 1/5,则盖面层就减为 6 道或 4 道,违反了工艺规程对热输入的要求,同时小的搭接量使整个面显得凸凹不平,甚至出现道与道之间很深的沟槽。

(2)前半圈(6 ~ 9 ~ 12 点位置)操作要点:

前半圈操作时,在 5 点位置用撞击法将电弧引燃,然后压低电弧进行 1 ~ 2 s 的预热,再将焊条向右下方倾斜,焊条端部要轻轻顶在 5 点至 6 点处的填充焊道上,以直线运条施焊。焊道要薄,以利于与后半圈焊道连接平整。在 6 ~ 7 点位置时,采用锯齿形运条方式。运条时由斜下方管壁开始,摆动速度要慢,使焊脚能增高,向斜上方移动时摆动速度要相对快一些,以防止产生焊瘤。摆动过程中,电弧在管壁侧停留的时间比在管板侧要长一些,以使较多的填充金属聚集于管壁侧,焊脚增大。当焊条摆动到熔池中间时,应使焊条端部尽可能靠近熔池,利用短弧的吹力托住液态金属,并使焊道边缘熔合良好,成形平整。在 7 ~ 10 点位置时,由于此处的电弧吹力起不到上托熔敷金属的作用,而且还容易促使熔敷金属下坠,应此此时的焊条采用横向运条,在管板与管壁两边停留时间稍长,且焊条角度要随位置的变化而改变,以免产生焊瘤或者咬边。在10~12点位置时,由于熔敷金属在重力作用下,容易向熔池低处聚集(也就是管壁侧),而处于焊道上方的管板侧又容易被电弧吹成凹坑,产生咬边,所以此时焊条应由管壁向管板侧做斜锯齿形运条,管板侧焊条停留的时间稍长,以增加焊脚高度。当焊至12点位置时,将焊道端部靠在填充焊道的管壁处,以直线运条至12~1点之间收弧,为后半圈焊道末端接头打好基础。焊接盖面层的焊条角度如图4-70所示。

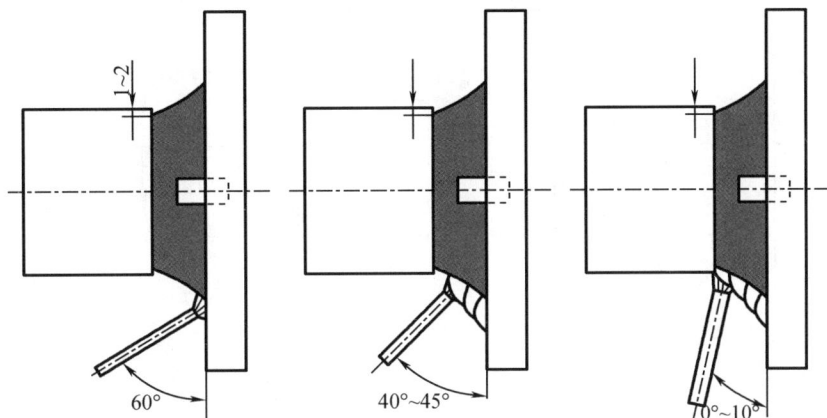

图4-70 焊接盖面层的焊条角度示意图(尺寸单位:mm)

(3)后半圈(6~3~12点位置)操作要点:

后半圈焊缝始端的连接 在5点处的填充焊道上引弧后,将电弧拉到前半圈6点处的焊缝始端进行1~2 s的预热,然后压低电弧在5~6点处以斜锯齿形运条,逐渐加大摆动幅度,保证连接处平整。

焊道收尾的连接 当焊至12点处与前半圈收弧搭接时,焊条做轻微的摆动,将弧坑填满即可收弧。焊接结束时,应与右半圈焊缝重叠4~5 mm。盖面层六点位置起弧和收弧的焊道如图4-71所示。

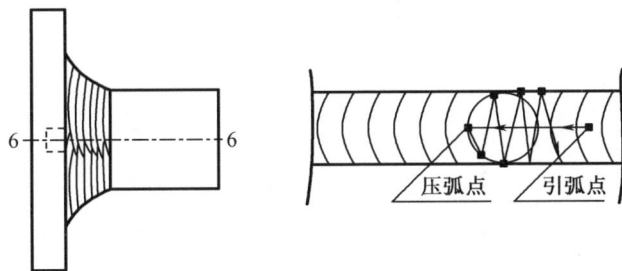

图4-71 盖面层六点位置起弧和收弧的焊道示意图

(4)盖面层焊接完后焊缝表面保持原始状态,焊缝不做打磨,但焊缝表面的熔渣及飞溅应清理干净。

(五)焊道记录图、焊接参数与层温记录的填写

焊前预热,每30 min记录温度一次,每次测六个位置。

焊接过程中每道焊接前都要测量道间温度,每次测三个位置,真实记录填写好焊接电流、电压、温度及焊道。

焊后后热,每30 min记录一次温度,每次测六个位置。

焊接参数、层间温度和焊道分布图应在焊接过程中进行记录,见表4-34和表4-35。

表4-34 监考记录表1

焊工项目考试施焊及监考记录表		施焊及监考记录表编号:JK(NS)-13-×××	
		考试计划编号:×××-JH-13-××	
参考焊工单位			
项目代号	HD P-T GW/FW I/Ⅲ(I)c t26 D57 PF/PF ss mb		
焊工姓名	陈××	工位编号	×××-H-12
考试用焊接工艺规程编号	GC-10-071	焊工项目考试编号	071-A×××
考试日期	2013.2.21		
考试开始时间	9:20		
考试终止时间	16:00		
考试开始时间			
考试终止时间			

焊道序号	焊材规格/mm	电流极性	电流/A	电压/V	焊速/(mm·min^{-1})	预热温度或层间温度/℃			保护气体流量/(L·min^{-1})		其他
									正面	背面	
定位焊	φ2.5	直流反接	78	24		143	147	150			OK48.00
1	φ2.5	直流反接	78	24	—	152	153	157	—	—	OK48.00
2	φ2.5	直流反接	80	24	—	140	142	147	—	—	OK48.00
3	φ2.5	直流反接	80	24	—	140	145	147	—	—	OK48.00
4	φ2.5	直流反接	85	24	—	158	160	165	—	—	OK48.00
5	φ2.5	直流反接	85	24	—	157	167	169	—	—	OK48.00
6	φ2.5	直流反接	85	24	—	156	162	166	—	—	OK48.00
7	φ2.5	直流反接	85	24	—	140	144	146	—	—	OK48.00
8	φ2.5	直流反接	85	24	—	143	147	150	—	—	OK48.00
9	φ2.5	直流反接	85	24	—	155	158	161	—	—	OK48.00
10	φ2.5	直流反接	85	24	—	151	154	156	—	—	OK48.00
11	φ2.5	直流反接	85	24	—	159	161	166	—	—	OK48.00
12	φ2.5	直流反接	85	24	—	167	169	170	—	—	OK48.00
13	φ2.5	直流反接	85	24	—	174	176	177	—	—	OK48.00
14	φ2.5	直流反接	85	24	—	161	163	166	—	—	OK48.00
15	φ2.5	直流反接	85	24	—	170	172	175	—	—	OK48.00

表 4 –34（续）

焊道序号	焊材规格/mm	电流极性	电流/A	电压/V	焊速/(mm·min⁻¹)	预热温度或层间温度/℃			保护气体流量/(L·min⁻¹) 正面	背面	其他
16	φ2.5	直流反接	85	24	—	177	179	181	—	—	OK48.00
17	φ2.5	直流反接	85	24	—	181	182	186	—	—	OK48.00
18	φ2.5	直流反接	85	24	—	177	180	184	—	—	OK48.00
19	φ3.2	直流反接	105	25	—	165	168	170	—	—	OK48.00
20	φ3.2	直流反接	105	25	—	171	175	178	—	—	OK48.00
21	φ3.2	直流反接	105	25	—	177	181	183	—	—	OK48.00
22	φ3.2	直流反接	105	25	—	182	184	188	—	—	OK48.00
23	φ2.5	直流反接	90	24.5	—	178	180	183	—	—	OK48.00
24	φ3.2	直流反接	105	25	—	165	169	171	—	—	OK48.00
25	φ3.2	直流反接	105	25	—	162	165	169	—	—	OK48.00
26	φ3.2	直流反接	105	25	—	168	171	174	—	—	OK48.00
27	φ3.2	直流反接	105	25	—	173	176	179	—	—	OK48.00
28	φ3.2	直流反接	105	25	—	175	178	182	—	—	OK48.00
29	φ2.5	直流反接	90	24	—	180	183	186	—	—	OK48.00
30	φ3.2	直流反接	105	25	—	174	176	179	—	—	OK48.00
31	φ3.2	直流反接	105	25	—	167	169	172	—	—	OK48.00
32	φ3.2	直流反接	105	25	—	173	175	177	—	—	OK48.00
33	φ3.2	直流反接	105	25	—	179	181	184	—	—	OK48.00
34	φ3.2	直流反接	105	25	—	183	186	189	—	—	OK48.00
35	φ2.5	直流反接	90	24	—	177	180	183	—	—	OK48.00
36	φ3.2	直流反接	110	25.5	—	168	171	175	—	—	OK48.00
37	φ3.2	直流反接	110	25.5	—	182	185	188	—	—	OK48.00
38	φ3.2	直流反接	110	25.5	—	187	189	192	—	—	OK48.00
39	φ3.2	直流反接	110	25.5	—	188	193	195	—	—	OK48.00
40	φ3.2	直流反接	105	25	—	194	197	199	—	—	OK48.00
41	φ3.2	直流反接	105	25	—	193	195	197	—	—	OK48.00
42	φ2.5	直流反接	90	24	—	170	173	176	—	—	OK48.00
									—	—	

参考焊工（签字）:陈××   监考人（签字）:监考一号

表 4－35　监考记录表 2

焊工项目考试施焊及监考记录表				施焊及监考记录表编号:JK(NS)－13－××× 考试计划编号:×××－JH－13－××							
参考焊工单位											
项目代号				HD P－T GW/FW Ⅰ/Ⅲ(Ⅰ)c t26 D57 PF/PF ss mb							
焊工姓名			陈××			工位编号			×××－H－12		
考试用焊接 工艺规程编号			GC－10－071			焊工项目 考试编号			071－A×××		

项目				预热六点测温						层间温度三点测温			日期	时间
Ⅰ	Ⅱ	Ⅲ	Ⅳ	A	B	C	D	E	F	1	2	3		
				℃						℃				
√				24	24	24	24	24	24				2013.02.21	8:30
√				120	120	130	124	124	124				2013.02.21	9:00
√				155	153	152	150	152	155				2013.02.21	9:15
	√			152	153	157	152	153	157				2013.02.21	12:30
	√			150	159	157	152	155	160				2013.02.21	13:00
	√			155	155	158	159	160	155				2013.02.21	13:30
		√		208	213	216	219	222	227				2013.02.21	16:15
		√		210	215	217	224	227	230				2013.02.21	16:45
		√		206	210	213	215	218	221				2013.02.21	17:15
		√		210	215	217	222	226	230				2013.02.21	17:45
			√	211	216	220	220	235	220				2013.02.21	18:15

注:①Ⅰ为预热开始,Ⅱ为焊接,Ⅲ为后热开始,Ⅳ为后热结束。

②根据操作内容分别在项目一栏中的Ⅰ、Ⅱ、Ⅲ、Ⅳ子栏中做好标记,并在后面的栏目内记录相应的规范或时间。

③在焊前预热 30 min。沿焊缝长度方向六个测温点 A、B、C、D、E、F 进行测温。

④每层焊缝焊接前,沿焊缝长度方向检查层间温度,对三个测温点 1,2,3 进行测温。

参考焊工(签字):陈××　　　　　　　　　　　　　　　　　监考人(签字):监考一号

(六)后热及消除应力处理

焊后后热、消氢处理及焊后消除应力热处理是焊接低合金高强钢防止焊接冷裂纹的重要措施。后热常用于焊前预热温度不足,或预热温度过高操作者无法施焊,或因过高的预热温度而引起较大的附加热应力而增加了冷裂纹倾向的情况。如 BHW35(392 MPa 级别)锅炉用钢板的止裂纹温度大于 250 ℃,在这样高的预热温度下,其热影响区的硬度仍达 HV 339,冷裂倾向仍然较大,而且不便于施焊,如果采用 170 ℃焊前预热,250 ℃焊后后热,即可避免预热温度过高而引起的附加热应力问题,又能防止焊接冷裂纹的产生。

根据规程 GC－10－071 得知,最低后热温度为 200～240 ℃/h。

焊后消除应力热处理的热处理参数见表 4－33。

五、焊后检查

(一)外观检验

试件按 HAF603 确定考试试件检验项目、检查数量和试样数量,见表 4-36。

表 4-36　试件检验项目、检查数量和试样数量

试件形式	试件厚度或管径/mm	检验项目		
		外观检验/件	射线检验/件	宏观金相检验/个
骑座式接管焊缝	<76	2	1(PT)	4

注:①表中外观检验试件数量即考试试件数量。

②当不能经无损检验做内部检验时,必须做金相检验;沿焊道在 4 个 90°横截面上分别取金相试样。

③任一试件取 4 个检查面。

按 HAF603 附件 2 中 2.2 条款做 2 个外观检验。

1. HAF603 不允许缺陷

焊缝表面应保持原始状态,不得有任何修磨及补焊。焊缝表面不应有裂纹、未熔合、夹渣、气孔、焊瘤、未焊透等缺陷。

2. HAF603 允许缺陷

咬边深度≤0.5 mm,总长度不得超过焊缝长度的 10%,焊缝的凸度和凹度 <1.5 mm,焊脚尺寸 K 为 $T+(0\sim3)$ mm $=26+(0\sim3)$ mm $=26\sim29$ mm。

3. 民用核安全设备焊工项目考试外观检验报告

HAF603-HD042 项目的外观检验报告表的格式见表 4-37。

表 4-37　HAF603-HD042 项目的外观检验报告

报告编号:WG(NS)-11-焊考-×××

实施计划编号	×××-12-×××	焊工项目考试编号(试件编号)		071-A×××
焊工姓名	陈××	依据标准		HAF603-2008
焊接方法	HD	母材牌号和规格		20MND5 160 mm×160 mm×20 mm P295GH φ57 mm×26 mm
试件形式	管+板/两件	焊接位置		PF/PF
原始状态	原始			
焊缝余高	裂纹		咬边	
—	①无 ②无		①$h\leqslant0.5$ mm;$L=18$ mm ②$h\leqslant0.5$ mm;$L=12$ mm	
焊缝余高差	未熔合		背面凹坑	
—	①无 ②无			

表 4 – 37(续)

比坡口每侧增宽	夹渣	变形角度
—	①无 ②无	—
宽度差	气孔	错边量
—	①无 ②无	—
焊缝边缘直线度	焊瘤	角焊缝凹凸度
—	①无 ②无	①凹度 = 0.5 mm ②凸度 = 1 mm
背面焊缝余高	未焊透	焊脚尺寸
—	—	①$K = 27.5 \sim 28.5$ mm ②$K = 27.5 \sim 28.5$ mm
堆焊焊道高度差	堆焊凹下量	通球检验
—		
堆焊焊道平面度		
外观检验结果(合格、不合格)	合格	检验日期	××××.××.××
检验人员	罗×	证书号	××××
复审人员	吴××	证书号	××××

(二)渗透检验

试件的无损检验应符合核安全设备Ⅰ级焊缝检验要求的规定;试件按 HAF603 附件 2 中的表 1 和 2.3 条款做渗透检验。

评定显示应在显像剂干燥后的 10 ~ 30 min 时间里进行。按显示尺寸,把显示分为"线形显示"和"圆形显示"两种。一个显示的最大尺寸与最小尺寸之比大于 3 时,为线形显示。线性显示外的其他所有显示,为圆形显示。除非另有规定,只记录尺寸大于 2 mm 的显示。

下述显示不合格:

(1)线形显示;

(2)尺寸大于 4 mm 的圆形显示;

(3)直线状排列的 3 个或 3 个以上显示,且边缘距小于 3 mm;

(4)最不利情况下放置,最大边长不超过 20 cm 的 100 cm² 范围内:对Ⅰ级部件,有 5 个或 5 个以上显示;呈链状显示时,即使其显示尺寸小于 2 mm,但当其显示累计总长超过 20 mm 时,应做进一步分析,以确定这些显示的性质。

(三)宏观金相检

(1)试样按 HAF603 附件 2.1 中表 2.5 的条款做 4 个宏观金相试验。

试件分割成 4 个试样后,在单侧腐蚀至清楚显示出焊缝后,按《民用核安全设备焊工焊

接操作工资格管理规定》(HAF603)附件 2 中的 2.5 条款进行金相检查,具体内容如下:

①金相宏观检验应用机械方法截取、磨光、再用金相砂纸按"由粗到细"的顺序磨制,然后经适当的浸蚀,使焊缝金属和热影响区有一个清晰的界限,该面上的焊接缺陷用目视或 5 倍放大镜检查。若宏观检查显示出存在有疑问区域,则必须进行微观检查。

②每个试样检查面经宏观检验应符合下列要求:

a. 没有裂纹、未熔合、未焊透;

b. 蒸汽发生器或热交换器的管子和管板焊缝根部线性缺陷应不超过 0.1 mm;

c. 气孔或夹渣的最大尺寸不得超过 1.5 mm;当气孔或夹渣大于 0.5 mm 且不大于 1.5 mm 时,其数量不得多于 1 个;当气孔或夹渣小于或等于 0.5 mm 时,其数量不得多于 3 个。

(2)试件取样及试样标识:试样加工应符合《民用核安全设备焊工、焊接操作工资格管理规定》(HAF603)2008 年版。

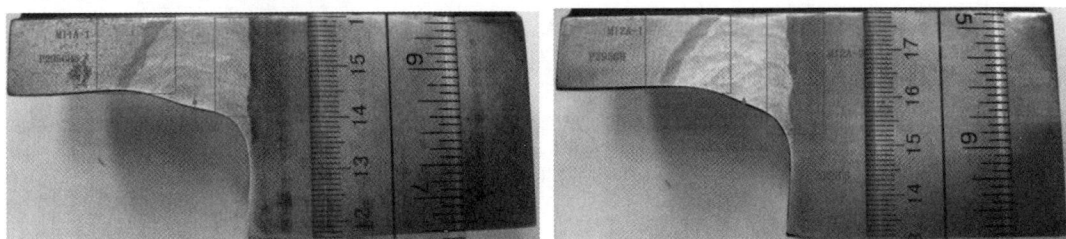

图 4 - 72 宏观金相图

六、结束语

HAF603 - HD042 技能培训项目是民用核安全设备焊工培训、考试和取证基本项目之一,故学习和掌握该项目的操作技术非常重要,对于保证核电设备的焊接质量至关重要。通过长期的培训实践证明,本书所介绍的操作技术不仅方便焊工学习和掌握,焊接质量好,合格率高,而且缩短了培训周期,是一种行之有效地焊接技能操作技术。

HAF603 - HD042 项目的焊接适用范围,见表 4 - 38。

表 4 - 38 骑座式接管组合焊缝项目代号适用范围

聘用单位名称		项目代号编号	H - ×××-94 - 1
焊工项目考试合格项目代号	HD P - T GW/FW Ⅰ/Ⅲ (Ⅰ)c t26 D57 PF/PF ss mb		
变素	代号	含义	适用范围
焊接方法	HD	焊条电弧焊	焊条电弧焊
试件形式	P - T	板 - 管接管焊接	P - T 接管焊接
焊缝形式	GW/FW	骑座式接管焊缝	GW 焊缝
			FW 焊缝
母材类别	Ⅰ/Ⅲ	碳钢/弥散强化钢	Ⅰ/Ⅲ
焊接材料	(Ⅰ)c	低氢型焊条	a、b、c

表 4 - 38(续)

变素	代号	含义	适用范围
焊接相 关尺寸	t26	焊缝金属厚度:26 mm	焊缝金属厚度:5~52 mm
	D57	管外径:57 mm	管外径:≥25 mm
焊接位置	PF/PF	支管水平固定位置立向上焊	PA、PB、PD、PE、PF
焊接要素	ss mb	单面焊/带衬垫	带衬垫单面焊或双面焊
专用焊工项目考试工艺评定编号			—
Y 类专项考试焊机型号			—
Z 类专项考试举例名称			—

焊条电弧焊管 - 管(T - T)坡口焊缝水平固定位置焊项目代号适用范围见表 4 - 39。

表 4 - 39 T - T 坡口焊缝水平固定位置焊项目代号适用范围

聘用单位名称		项目代号编号	H - × × × - 94 - 2
焊工项目考试 合格项目代号	HD T - T GW Ⅰ/Ⅲ (Ⅰ)c t26 D57 PF ss mb		

变素	代号	含义	适用范围
焊接方法	HD	焊条电弧焊	焊条电弧焊
试件形式	T - T	管 - 管的对接接头	P 接头和 T 接头
焊缝形式	GW	坡口焊缝	GW 焊缝
			FW 焊缝
母材类别	Ⅰ/Ⅲ	碳钢/弥散强化钢	Ⅰ/Ⅲ
焊接材料	(Ⅰ)c	低氢型焊条	a、b、c
焊接相 关尺寸	t26	焊缝金属厚度:26 mm	焊缝金属厚度:5~52 mm
	D57	管外径:57 mm	管外径:≥25 mm
焊接位置	PF	水平固定位置立向上焊	PA、PB、PD、PE、PF
焊接要素	ss mb	单面焊/带衬垫	带衬垫单面焊或双面焊
专用焊工项目考试工艺评定编号			—
Y 类专项考试焊机型号			—
Z 类专项考试举例名称			—

焊条电弧焊管子管板角(P - T 平角)焊缝水平固定位置焊项目代号适用范围见表 4 - 40。

表 4 – 40　P – T 平角焊缝水平固定焊项目代号适用范围

聘用单位名称			项目代号编号	H – × × × – 94 – 3
焊工项目考试 合格项目代号		HD P – T FW I／Ⅲ（I）c T26 D57 PF ml		
变素	代号	含义	适用范围	
焊接方法	HD	焊条电弧焊	焊条电弧焊	
试件形式	P – T	板 – 管	P – T 或 P – P 角接接头	
焊缝形式	FW	角焊缝	FW 焊缝	
母材类别	I／Ⅲ	碳钢/弥散强化钢	I／Ⅲ	
焊接材料	（I）c	低氢型焊条	a、b、c	
焊接相关尺寸	T26	壁厚 26 mm	壁厚≥3 mm	
焊接位置	PF	管水平固定位置立向上焊	PA、PB、PD、PE、PF	
焊接要素	ml	多层焊	sl 或 ml	
专用焊工项目考试工艺评定编号		—		
Y 类专项考试焊机型号		—		
Z 类专项考试举例名称		—		

第六节　低合金钢板加隔离层镍基合金
对接横位带垫板横位焊

本节根据 HAF603 法规和核电质量保证基本要求,按低合金钢板加隔离层镍基合金对接横位带垫板技能操作项目的要点简介、焊接工艺规程、焊前准备、隔离层的制备、焊接操作方法、焊后检查等方面进行讲解。

为了叙述方便,HAF603 项目代号为 HD P GW Ⅶ c t30h80 PC ss mb 的低合金钢板加隔离层镍基合金对接横位带垫板技能操作项目以下均称为"HAF603 – HD007"。

一、本项目要点简介

镍基合金是在纯镍的基础上,加入铜、铬、钼、铌和钨等合金元素所形成的合金。

NC 30 Fe（Inconel 690）是 Ni – Cr – Fe 合金,具有抗高温氧化和耐氯离子介质应力腐蚀的性能,常称为因康镍合金。熔点低（1 295 ~ 1 350℃）、密度大（8.44 g/cm^3）、导热率低（9.8 W/m·K,纯镍导热率 75 W/m·K 是它的 7.7 倍）、电阻率高（129 μΩ·cm,是纯镍电阻率 9.5 μΩ·cm 的 13.6 倍）,所以铁水黏性大、流动性差。NC 30 Fe 的物理性能决定了在焊接过程中极容易产生未焊透、未熔合和夹渣等缺陷。

低合金钢是在低碳碳素结构钢的基础上,加入少量的其他合金元素,一般不超过 5%,以提高钢材的强度,并保持一定的韧性,或使其具有某些特殊性能,如耐低温、抗氧化等。

低合金结构钢的分类因其参照点和目的的不同,有多种不同的分法。本项目所用钢材为13MnNiMo54 或等效材料,这类钢材是低合金高强钢,屈服极限为 392～490 MPa,一般的供货状态为正火或正火加回火。这类钢因具有综合的机械性能,被广泛用于制造压力容器等。低合金结构钢因其化学成分复杂、焊接结构多样化以及所采用的壁厚、接头形式、焊接方法等的不同,表现出不同的焊接特点。

(一)适用范围

本教案适用于镍基合金横位对接焊条电弧焊的技能培训,也可作为核电技能教师在培训学员时的教学方案。

(二)教案编写依据

(1)《民用核安全设备焊工焊接操作工资格管理规定》(HAF603)2008 年版。

(2)低合金钢板镍基合金横对接焊条电弧焊焊接工艺规程,编号:GC－10－074Rev·B。

(3)适用性文件《预热、层温、后热和焊后热处理总要求》《对焊接操作的附加要求》和《焊接的总要求》。

(三)要点简介

镍基合金焊条电弧焊因其母材、焊材合金成分复杂,焊接时容易产生热裂纹、气孔以及夹渣等缺陷,加之焊接成本高,焊接缺陷不容易返修,焊接时对焊工的技能和责任心有很高的要求,尤其要注意以下几项操作要点:

(1)采用多层多道焊的熔敷类型,焊条不许摆动;

(2)做好"三磨",即焊道接头、焊道与焊道、各焊层之间,在焊接前应进行表面打磨,使金属表面干净,露出光泽,无任何缺陷;

(3)严格控制热输入和道间温度,防止产生热裂纹;

(4)严格控制预热、后热温度,防止产生冷裂纹;

(5)焊条需严格烘焙,严格保温,避免受潮,防止氢气孔产生。

二、HAF603－HD007 焊接工艺规程

HAF603－HD007 项目的焊接工艺规程见表4－41。

表4－41　HAF603－HD007 项目的焊接工艺规程
编号:GC－10－074　Rev.C

技能考试项目代号	HD(D) P Ⅲ c(Ni) T50 PC Z1 T50/HD P GW Ⅶ c t30h80 PCssmb		
工艺评定报告编号/依据标准/有效期	×××/TSD－PQR×××/RCC－M 2007/长期有效	自动化程度/稳压系统/自动跟踪系统	手工焊

表 4 – 41（续 1）

焊接接头		焊接接头简图（有衬垫的应标明衬垫的形式和截面尺寸）：
坡口形式	骑座式接管 GW/FW 组合焊缝	
衬垫（材料）	INCONEL690 或等效材料	
焊缝金属厚度	30 mm	
管子直径	–	
其他	坡口面角度 10° ~ 15°，装配间隙8 ~ 15 mm	

母材			填充金属	
类别号		试板：Ⅶ 垫板：Ⅶ 障碍板：Ⅵ	焊材类型 （焊条、焊丝、焊带等）	焊条
牌号		试板 1：13MnNiMo54 或等效材料试板 试板 2：INCONEL690 或等效材料 垫板：INCONEL690 或等效材料 障碍板：0Cr18Ni9 或等效材料	焊材型（牌）号/规格	ENiCrFe – 7 $\phi2.5$ mm、$\phi3.2$ mm、$\phi4.0$ mm
规格		试板 1、2 各一块：300 mm × 125 mm × 30 mm 垫板 1 块：300 mm × 30 mm × 10 mm 障碍板 2 块：300 mm × 83 mm × 6 mm	焊剂型（牌）号	—

焊接位置		保护气体类型/混合比/流量	
焊接位置	横焊（PC）	正面	—
焊接方向		背面	—
其他	—	尾部	—

预热和层间温度		焊后热处理	
最低预热温度	121 ℃（序号 1）/ 5 ℃（序号 2 – 3）	温度范围	595 ~ 620 ℃
最高层间温度	176 ℃（序号 1）/ 225 ℃（序号 2 ~ 3）	保温时间	1.5 – 2 h
预热方式	天然气火炬加热	其他	最高进出炉温度：350 ℃ 最大升降温速率：55 ℃

焊接技术	
最大热输入	$Q = [0.8 \times U(V) \times I(A)/V(mm/s)] \times 10^{-3} = 1.432$ kJ/mm
喷嘴尺寸	—	导电嘴与工件距离	—

表 4 – 41（续 2）

清根方法		焊缝层数范围	坡口焊缝：≥8 层
钨极类型/尺寸	—	熔滴过渡方式	—
直向焊、摆动焊及摆动方法		多道直道焊	
背面、打底及中间焊道清理方法		刷理或打磨	

焊接参数

焊层	焊接方法	焊材		焊接电流		电压范围/V	焊接速度/(mm·min^{-1})
		型（牌）号	规格/mm	极性	范围/A		
序号1（隔离层堆焊）	HD	ENiCrFe – 7	φ2.5	直流反接	45～70	—	—
			φ3.2	直流反接	75～100	—	
定位焊	HD	ENiCrFe – 7	φ3.2	直流反接	75～100	—	
			φ4.0	直流反接	95～130		
序号2（打底、填充）	HD	ENiCrFe – 7	φ3.2	直流反接	75～100	—	
			φ4.0	直流反接	95～130		
序号3（盖面）	HD	ENiCrFe – 7	φ3.2	直流反接	75～100	—	
			φ4.0	直流反接	95～130		

工艺说明	施焊操作要领
工艺说明： （1）本规程根据《民用核安全设备焊工焊接操作工资格管理规定》（HAF603）编制； （2）操作考试前，应当在主考人、监考人与焊工共同在场确认的情况下，在试件上标注焊工项目考试编号； （3）焊工可根据规程标明考试用焊条来自定规格； （4）焊接顺序：隔离层堆焊序号1→点焊装配并焊接障碍板→焊接序号2→拆除障碍板→焊接序号3； （5）焊接完成后，试件按 HAF603 附件 2 中的表 1 和 2.2 条款做外观检验； （6）试件按 HAF603 附件 2 中的表 1 和 2.3 条款做射线探伤； （7）试样按 HAF603 附件 2 中的表 1 和 2.4 条款做 2 个侧弯试验	操作要领： （1）操作考试前，参考焊工应将待堆焊表面及坡口面两侧各 25 mm 内清理干净，去除铁屑、氧化皮、油、锈和污垢等杂物； （2）试板对接焊缝考试中根部焊道至少应当有一个停弧再焊接头； （3）焊缝表面最后一层应保持原始状态，不允许修磨和返修； （4）考前必须检查障碍板尺寸，不得小于规程要求； （5）注意对镍基合金防污染保护
编制单位名称	

三、焊前准备

（一）试件

1. 材质

试板：13MnNiMo54 或等效材料、INCONEL690 或等效材料

障碍板：0Cr18Ni9 或等效材料　　　　垫板：0Cr18Ni9 或等效材料

规格和数量：

试板 300 mm×125 mm×30 mm　2 块

障碍板 300 mm×98 mm×6 mm　2 块

垫板 300 mm×80 mm×12 mm　1 块

2. 试件清理

必须去除表面氧化物，并且不得存在任何氧化痕迹，试板坡口两侧及背面 25 mm 范围内的油、锈、氧化皮等应清理干净，直至露出金属光泽，再装配及定位焊装配。

3. 试件标识

在试件上标注焊工项目考试编号。

（二）工具

钳式电流电压表、数字型接触式测温仪、低应力钢印、电动角向磨光机、砂带机、敲渣锤、手持式面罩、拖线板、砂轮片、钢刷、扁铲、焊条核电保温桶、变压器、焊条头桶。

（三）防护

操作人员应穿戴工作服、工作帽、劳保鞋、口罩、耳塞、手套、防护眼镜、面罩。

（四）焊接设备已检标志及焊接工装夹具的检查

（1）启动焊机前，检查各处的接线是否正确、牢固可靠，电流表和电压表应在有效期内。

（2）检查工装夹具是否齐全、可正常使用。

（3）引弧电流和推力电流辅助按钮的使用：

①引弧电流按钮：使电压增高，易引弧不粘连，焊接过程中电弧稳定燃烧。焊工应根据每个人的特点来调节引弧电流，焊接出达标的焊缝。

②推力电流按钮：在瞬时叠加一个峰值电流（例如 0.04 s 瞬时叠加 10～90 A）保证熔深和焊透。单面焊双面成形打底焊接时常用此种方法，以脉冲电流的形式击穿坡口，形成规则熔池，铁水冷却后背面得到达标焊缝。填充层和盖面层焊接时要慎用或不推荐使用推力电流。不然强大的峰值电流会产生密集暴跳的金属飞溅物，溅落在熔池、焊缝或焊缝周围，造成不应有的夹渣等缺陷。

（4）按焊接工艺规程调试焊接电流，并用钳型电流电压表检查焊接参数是否在规定的范围内，钳形电流电压表应经过检定并在有效期内。

（5）检查试板是否摆放牢固，以免倒下造成砸伤。

（五）焊材的领用和核电保温桶正确使用

1. 焊材的领用

焊工应凭流转卡、员工证到焊材烘焙库领取已经烘干好的焊材并填写领用记录。焊接序号 1 时，因试板较小，堆焊隔离层时为避免层温过高和保证机加坡扣余量，最好选用 φ3.2

mm 的焊条。焊接序号 2 焊接时,因是试板对接,为保证根部熔合良好,最好在头几层选用 $\phi 3.2$ mm 焊条,其余层可用 $\phi 4.0$ mm 焊条。序号 3 盖面 $\phi 3.2$ mm、$\phi 4.0$ mm 焊条均可用。领用时注意同一核电保温桶只能装同型号同牌号的焊条,避免使用时混用。在领取焊材时需确认该焊材的炉批号和检验编号,保温筒上需粘贴相应标签。

2. 核电保温桶正确使用

焊工应使用经过验证合格的核电保温桶(核电保温桶上有检验合格标签和有效期标志)。领用焊条后配合变压器在工位上通电使用,在使用时,保证核电保温桶的温度为 100～150 ℃。

3. 焊条的使用

焊条在使用时应注意三点:

(1)焊条保留在核电保温桶中,用一根取一根,取完焊条后应马上将核电保温桶盖盖上;

(2)使用焊条时观察焊条是否有偏芯、药皮脱落等现象;

(3)夹焊条时保证焊芯导电良好。

4. 焊条的回收

焊接完成后,焊工将剩余焊条退回烘焙室,由烘焙人员将其放入保温箱保温。

5. 焊条头的回收

焊接一根焊条后,剩余的焊条头需放入回收桶内。焊条头的长度应不小于 50 mm,因为当焊接工艺参数过大时,剩余较短的焊条在高温作用下呈现红色,药皮中起造气作用的大理石等在高温下提前分解或药皮脱落,影响保护效果,易出现氮气孔等焊接缺陷。另一方面,焊条内的合金元素被严重烧损,致使接头的性能下降,强度降低。

(六)文件准备

焊前需准备焊接用工艺规程、流转卡、质量计划、适用性文件和监考记录表。

四、隔离层的制备

HAF603 - HD007 培训操作程序十分复杂,仅低合金试板堆焊就有 8 道工序:1 预热→2 堆焊隔离层→3 后热→4 打磨→5 隔离层渗透探伤→6 隔离层超声波探伤→7 消除应力处理→8 机加工坡口。为了便于叙述,见表 4 - 42 培训操作程序表。

表 4 - 42　培训操作程序表

操作序号	内容	适用文件
1	预热	
2	堆焊隔离层序号 1	
3	后热	
4	打磨	
5	隔离层渗透探伤	DF/N1421 DF/N1421.1
6	隔离层超声波探伤	DF/N1411 DF/N1411.3

表 4 - 42（续）

操作序号	内容	适用文件
7	消除应力处理	
8	机加工坡口	
9	带障碍板焊接序号 2	
10	去除障碍板	
11	焊接序号 3 盖面	
12	清理焊缝表面	
13	焊缝外观检查	HAF603
14	焊缝射线探伤	DF/N1410 DF/N1410. 4
15	力学性能检验	HAF603

（一）预热

1. 预热的目的

试板 HD007 - 1 材质 13MnNiMo54 的隔离层焊接开始前,对其整体进行加热。预热的目的是防止冷裂纹缺陷的产生。

2. 预热措施

将试件 HD007 - 1 放在加热平台上利用 1 ~ 2 个天然气火头对其整体加热,利用数字型接触式测温对试板进行六点测温,焊接前保证试板温度均匀。整体加热装置示意图及试板六点测温示意图如图 4 - 73 和图 4 - 74 所示。

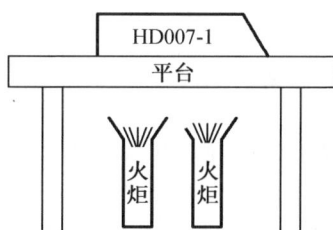

图 4 - 73 整体加热示意图

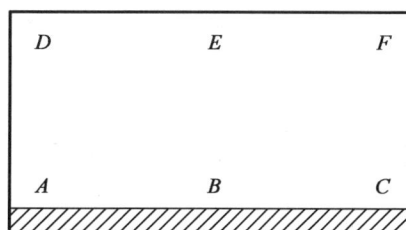

图 4 - 74 试板六点测温示意图

（二）堆焊隔离层序号 1

序号 1 为在 HD007 - 1 低合金钢试板上进行隔离层堆焊,焊接时主要控制搭接量和稀释率。

1. 搭接量对焊接质量的影响

焊接搭接量对焊接质量的影响主要表现在对焊接接头抗拉强度值的影响和焊缝外观质量的影响。适宜的焊接搭接量即可保证焊缝的抗拉强度值与母材抗拉强度值相适应,又可获得理想的焊缝外观质量。它不仅决定了两道相邻焊道中心的距离以及堆焊层的高度,同时也影响堆焊成形层的表面平整度。合适的焊道搭接量能保证得到表面平整、美观的堆焊成形面,如果两道焊道之间的搭接量不合适,则可能造成堆焊成形面较为凹凸不平,影响下一步的继续成形。

2. 搭接量的选择

采用焊条电弧焊焊接,其过程是通过焊接电弧加热,熔化焊芯形成熔滴之后过渡到母材,由熔滴形成焊道。在成形过程中,熔滴基本上都呈现出有规律的周期性过渡特点,通过调整工艺参数,可是使得焊接飞溅很小,因此为了便于讲解,做如下假设:

(1)每一滴熔滴过渡的时间都是相同的,即在相同的时间内,熔滴过渡带的数量是相同的;

(2)每一滴熔滴的体积大小相同;

(3)焊接成形过程中的飞溅可以忽略不计,即熔化的焊芯全部用于沉积成形;

(4)不考虑焊接成形过程中焊道的相互影响,即成形的焊道和正在成形的焊道,在基板上的几何理论模型都是相同的。

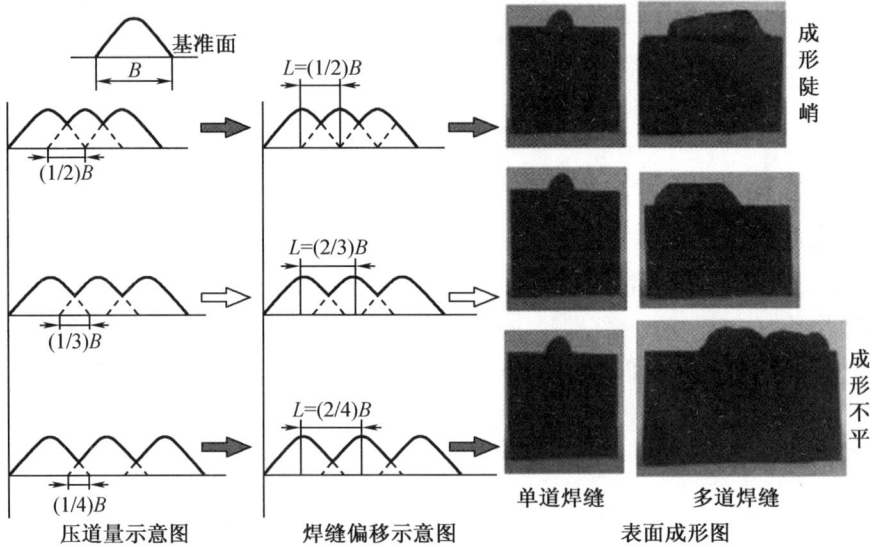

图 4 - 75　三种搭接量的示意图

图 4 - 75 列举了 $(1/2)B$、$(1/3)B$、$(1/4)B$ 三种搭接量示意图和焊缝中心(焊条)偏移示意图、表面成形图。

由搭接量示意图和焊缝中心偏移示意图,我们可以非常形象地看出,在同等的焊接参数、焊接热输入下,搭接量越小,多道焊缝宽度越宽,相邻焊道之间的沟槽越深;反之,搭接量越大,多道焊缝越窄,相邻焊道之间越平整。

经理论计算得出,当搭接量为 $(1/2)B$,即焊缝(焊条)偏移距离 $L = (2/3)B$ 时能获得平整的堆焊层,如表面成形图所示。但搭接量过大时,堆焊层表面会出现逐渐凸起的成形;反之,当搭接量过小时,堆焊层表面会出现凹凸不平的成形。

实际焊接搭接量进行比对,得出了堆焊搭接量最佳值为 $(1/2)B \sim (2/3)B$ 的结论。

稀释率(又称稀释度)符号为 D,其定义为体积流量 q_v 和有效体积 V_R 的比值。金属熔焊或堆焊时,熔敷金属被稀释的程度,用母材或预先堆焊层金属在焊缝金属中所占的百分比(即熔合比)来表示。通常,填充金属的成分同母材成分往往并不相同,特别是异质金属相焊或合金堆焊时,当堆焊金属的合金成分主要来自填充金属时,局部熔化了的母材在焊缝中的效果可以认为是稀释。因此,熔合比又常称为稀释率。在所有电弧焊,焊缝中都有一定数量的熔化母材和填充金属相混合,只有少数焊缝金属成分与母材成分一样。且因焊缝组织的性质有些独特,所以母材被焊缝过多的稀释而引起成分变化,就会影响焊缝金属的性能,从而影响金属焊接性。

3. 堆焊序号 1 时的四点注意事项

根据母材的焊接性和焊材的焊接特点,焊接时易出现冷裂纹、热裂纹和气孔等缺陷,焊工在焊接时应注意以下四点:

(1)焊条需按烘焙规程严格烘干,使用时应将焊条放入核电保温桶保温,边用边拿。

(2)预热、后热应按工艺规程严格执行。

(3)焊接时应选用小焊条,较小的焊接参数,以降低焊缝的稀释率。一般情况选用 $\phi 3.2$ mm 的焊条,电流通常使用 $85 \sim 95$ A,推力调到 0,引弧电流为 $40 \sim 60$ A 为宜。

(4)焊工在焊接操作时需严格做到"三磨",即焊道接头间、道与道间、层与层间。

为保证堆焊层最终机加尺寸(厚度、宽度、坡口角度),堆焊时厚度一般为 $9 \sim 11$ mm,坡口边缘需每侧增宽 $1 \sim 2$ mm,坡口角度应尽量与原坡口角度一致,堆焊时各层焊条角度示意图及焊道分布图如图 4-76 和 4-77 所示,图 4-78 和图 4-79 是堆焊完成后的实物照片。

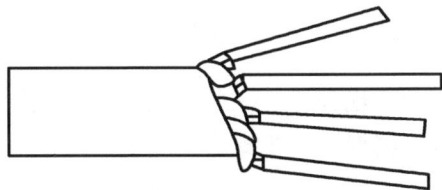

图 4-76 堆焊时焊条角度示意图

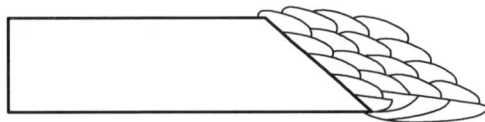

图 4-77 堆焊时焊道分布示意图

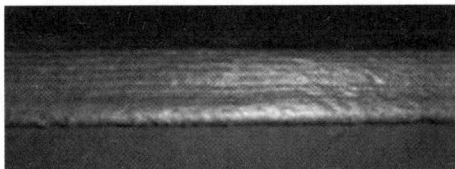

图 4-78 堆焊正面实物照片

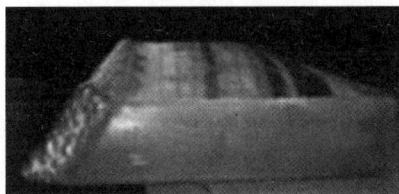

图 4-79 堆焊侧面实物照片

(三)后热

消氢处理及焊后热处理是焊接低合金高强钢防止焊接冷裂纹的重要措施。后热常用于焊前预热温度不足,或预热温度过高操作者无法施焊,或因过高的预热温度而引起较大的附加热应力而增加了冷裂纹倾向。根据规程 GC-10-074 得知,后热温度为 $250 \sim 400$ ℃,最短后热时间为 2 h。在 HD007-1 低合金钢堆焊结束后或焊接中断且温度降至低于最低预热温度之前,须进行以上的后热处理。

(四)打磨

焊工在焊接操作时需严格做到"三磨",即焊道接头间、道与道间、层与层间。

(五)隔离层渗透探伤

对隔离层进行 PT 渗透探伤,其要求应符合民用核安全设备产品一级焊缝的检验要求。

（六）消除应力处理

焊后消除应力热处理规程见表4-43。

表4-43　焊后消除应力热处理规程表

进炉温度	350 ℃
最大升降温速率	55 ℃/h
保温范围	595~620 ℃
保温时间	1.5~2.0 h
最大冷却速度	55 ℃/h
最大出炉温度	350 ℃

（七）隔离层超声波探伤

对隔离层进行 UT 超声波无损检测，其要求应符合民用核安全设备产品一级焊缝的检验要求。

（八）机加工坡口

按镍基合金横位对接焊条电弧焊技能操作焊接工艺规程机加试板坡口（堆焊层光平即可，但必须保证堆焊层厚度 7 mm），距坡口边缘 100 mm 刨焊缝参考线，如图4-80 所示。

五、操作方法

（一）带障碍板焊接序号 2

1. 装配与定位

（1）装配

焊接序号 1 时，将试板坡口面放于横焊位置即可，焊接序号 2、3 时，将试板平放在装配平台上，装配如图4-81 所示。为了保证根部熔合良好，装配间隙依据规程所述 10~20 mm，焊工根据自己需要进行选择，一般为 12~15 mm 为宜。

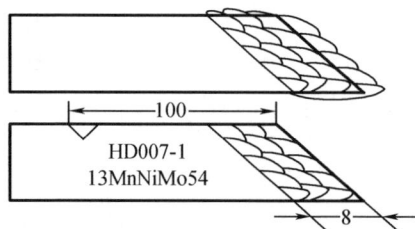

图4-80　机加工坡口示意图（尺寸单位：mm）

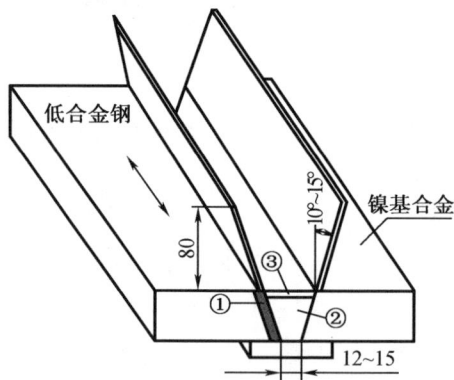

图4-81　装配尺寸示意图（尺寸单位：mm）

（2）定位

试板装配好后,将其平放在焊接平台上进行定位,定位焊条选用 INCONEL152,φ3.2 mm,定位时,先焊接中间,再焊接两边,然后对称分段焊接,每段 50 mm,焊接 6 段。装配定位焊如图 4 - 82 所示,定位焊完成后,将试板立于考试工位,位置为 PC。

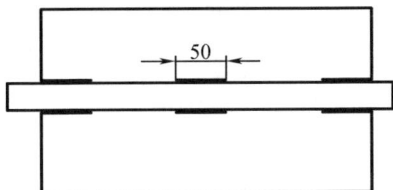

图 4 - 82　装配定位焊示意图(尺寸单位:mm)

2. 焊接序号 2

序号 2 的焊接为横位置板对接,焊接时易出现热裂纹、气孔、夹渣、未熔合等焊接缺陷,焊接时应注意以下几个方面。

（1）焊接参数及焊条直径的选择

根据焊接工艺规程规定的焊接参数,由于焊条型号的不同,焊接参数范围不同。序号 2 为对接填充焊,为避免产生夹渣、未熔合,一般情况下比堆焊使所用参数稍大一些。第一层焊接是为了根部熔合良好,焊缝金属晶粒更细,力学性能更好,焊接时一般选用直径 φ3.2 mm,电流 87 ~ 92 A,推力调到 0,引弧电流为 40 ~ 60 A 为宜。焊接 1 ~ 3 层时尽量选用直径 φ3.2 mm 的焊条,后续层焊接时焊工可根据具体情况选焊条直径,由于每层最后一道的焊条角度接近于仰角焊,为保证熔合良好,焊缝成形美观,尽量选用直径为 φ3.2 mm 的焊条。

（2）焊接速度

根据焊条直径、焊接电流的不同,焊接速度不一样。如果焊接速度过快,焊缝成形不良,熔池熔深过浅,易出现夹渣、未熔合;若焊接速度过慢,熔池温度过高,焊缝略显淡黄色,热裂纹倾向增大,焊缝成形不良,焊缝金属晶粒粗大,合金元素烧损,力学性能降低。焊接时,在电弧稳定燃烧、熔滴正常过渡的情况下,采用短弧快速单道焊的方法进行焊接。

焊条电弧焊的焊接速度体现在同等厚度的焊接层道的数量上:同等条件下,焊接层道的数量多表明焊接速度快,焊接层道的数量小表明焊接速度慢。

（3）焊缝的打磨

由于焊接镍基合金焊条时选择的焊接参数较其他焊条小很多,熔深浅(0.5 ~ 1.0 mm),熔池流动性差,焊缝的打磨如果不按"三磨"严格执行,易出现夹渣、未熔、气孔等缺陷。所以焊工需焊接前应用砂带机打磨并严格做到"三磨",保证焊道、层间平整、清洁,无死角,焊缝过渡圆滑。

（4）层间温度的控制

层间温度的控制对于镍基合金的焊接来说尤为重要,如果控制不好,易出现热裂纹。焊工在每一焊道焊接前,运用接触式数字测温仪对焊缝温度进行测量,控制层温尽量偏向工艺规定温度的下限,一般情况下控制在 150 ℃ 以下为宜,若发现温度过高,需暂时停止焊接,待温度合适再施焊。

（5）焊条角度的变化

由于序号 2 是多层多道焊,同一层的焊道由于各种原因,比如磁偏吹、焊接位置、焊条熔化的速度等,焊条角度在焊接过程中会有不同的变化,如图4-83所示。

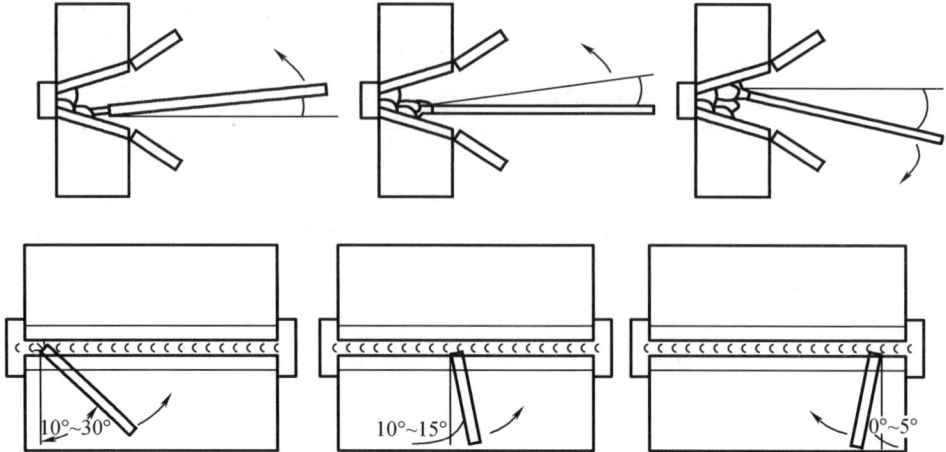

图4-83　焊条角度的变化示意图

序号2的焊接工作量大,易出现焊接缺陷,对焊工的技能和责任心要求很高,图4-83可供焊接操作时参考。

(6)盖面(序号3)前对焊缝的要求

①序号2最后一层焊接时,要保证盖面(序号3)的预留量,坡口边缘不得烧损,一般距坡口边缘0.5~1.5 mm,保证序号3焊接时焊缝不会偏高或偏低,预留量如图4-84所示。

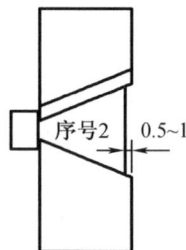

图4-84　预留量示意图(尺寸单位:mm)

②序号2最后一层焊接时,为保证盖面平整,这一层的焊缝需打磨平整,死角处需圆滑过渡。

③序号2焊接完成后需将障碍板拆除。

(二)去除障碍板

填充最后一层完成后,即盖面前,需将障碍板去处,并修磨障碍板焊接处。

(三)焊接序号3

序号3的焊接为试板的盖面,盖面质量的好坏直接关系到焊缝的表面检查结果,如果盖面效果不满足HAF603表面检查的相关标准,则焊缝的表面质量为不合格,此焊工考试项目也就不合格,后续探伤工序不必再执行下去。为保证盖面层成形美观,满足相关考试表检要求,焊工在焊接操作时应注意以下几点:

(1)焊工根据序号2的坡口预留量来选择所用焊条的直径,一般在0.5~1.0 mm内选用φ3.2 mm的焊条,在1.0~1.5 mm内选用φ4.0 mm焊条。

(2)焊接每一焊道需进行打磨,弧坑处也需打磨干净。

（3）为保证成形美观,焊缝接头时可在弧坑处起弧。

（4）盖面层的焊接实质上就是小面积的横堆焊,焊接时特别要注意焊道之间的搭接量,一般为焊道宽度的 1/3 ~ 1/2。

（5）焊接完成后,焊缝表面应保持原始焊缝,不允许修磨和补焊,只需将焊缝清理干净即可。可用奥氏体不锈钢钢丝刷或尼龙刷对焊缝表面清理,用不锈钢扁铲去处飞溅。

盖面实物照片如图 4 - 85 所示。

图 4 - 85　盖面实物照片

（四）焊道记录图、焊接参数与层温记录表填写

HAF603 - HD007 技能操作项目的监考记录表,见表 4 - 44 和表 4 - 45。在焊接过程中,层间温度用测温笔测量焊缝左中右三点。

表 4 - 44　监考记录表 1

焊工项目考试施焊及监考记录表					施焊及监考记录表编号:JK(NS) - 12 - 012					
					考试计划编号:×××- JH - 12 - 04					
参考焊工单位										
项目代号		HD(D) P Ⅲ c(Ni) T50 PC Z1 T50								
焊工姓名		胡××			工位编号			×××- H - ××		
考试用焊接工艺规程编号		GC - 10 - 074			焊工项目考试编号			074 - A×××		
考试日期		2013.02.21			试件焊接层道分布示意图(数字表示焊道序号)					
考试开始时间		09:20								
考试终止时间		13:15								
考试开始时间										
考试终止时间										
焊道序号	焊材规格/mm	电流极性	电流/A	电压/V	焊速/(mm·min^{-1})	预热温度或层间温度/℃		保护气体流量/(L·min^{-1})		其他
								正面	背面	
1 - 1	φ3.2	直流反接	89	22	—	127	128　129	—	—	ENiCrFe - 7
1 - 2	φ3.2	直流反接	88	22	—	129	127　127	—	—	ENiCrFe - 7

表 4 - 44（续 1）

焊道序号	焊材规格/mm	电流极性	电流/A	电压/V	焊速/(mm·min⁻¹)	预热温度或层间温度/℃			保护气体流量/(L·min⁻¹)		其他
									正面	背面	
1 - 3	φ3.2	直流反接	90	22	—	126	130	126	—	—	ENiCrFe - 7
1 - 4	φ3.2	直流反接	89	22	—	127	130	128	—	—	ENiCrFe - 7
1 - 5	φ3.2	直流反接	89	22	—	137	140	137	—	—	ENiCrFe - 7
1 - 6	φ3.2	直流反接	90	22	—	140	138	139	—	—	ENiCrFe - 7
1 - 7	φ3.2	直流反接	87	22	—	135	138	138	—	—	ENiCrFe - 7
1 - 8	φ3.2	直流反接	90	22	—	140	139	139	—	—	ENiCrFe - 7
1 - 9	φ3.2	直流反接	88	22	—	139	134	137	—	—	ENiCrFe - 7
1 - 10	φ3.2	直流反接	91	22	—	139	140	145	—	—	ENiCrFe - 7
1 - 11	φ3.2	直流反接	90	22	—	138	138	138	—	—	ENiCrFe - 7
1 - 12	φ3.2	直流反接	89	22	—	140	136	137	—	—	ENiCrFe - 7
1 - 13	φ3.2	直流反接	90	22	—	137	137	136	—	—	ENiCrFe - 7
1 - 14	φ3.2	直流反接	88	22	—	138	132	139	—	—	ENiCrFe - 7
1 - 15	φ3.2	直流反接	90	22	—	139	137	136	—	—	ENiCrFe - 7
1 - 16	φ3.2	直流反接	91	22	—	137	136	139	—	—	ENiCrFe - 7
1 - 17	φ3.2	直流反接	90	22	—	139	137	135	—	—	ENiCrFe - 7
1 - 18	φ3.2	直流反接	89	22	—	138	139	135	—	—	ENiCrFe - 7
1 - 19	φ3.2	直流反接	90	22	—	136	139	144	—	—	ENiCrFe - 7
1 - 20	φ3.2	直流反接	89	22	—	135	138	139	—	—	ENiCrFe - 7
定位焊	φ3.2	直流反接	89	22		28	28	28			ENiCrFe - 7
2 - 1	φ3.2	直流反接	89	22	—	52	47	57			ENiCrFe - 7
2 - 2	φ3.2	直流反接	90	22	—	52	56	63			ENiCrFe - 7
2 - 3	φ3.2	直流反接	88	22	—	55	56	68			ENiCrFe - 7
2 - 4	φ3.2	直流反接	90	22	—	56	57	59			ENiCrFe - 7
2 - 5	φ3.2	直流反接	91	22	—	62	68	69			ENiCrFe - 7
2 - 6	φ3.2	直流反接	90	22	—	73	79	79			ENiCrFe - 7
2 - 7	φ3.2	直流反接	90	22	—	87	89	97			ENiCrFe - 7
2 - 8	φ3.2	直流反接	90	22	—	92	95	97			ENiCrFe - 7
2 - 9	φ4.0	直流反接	116	22		86	95	96			ENiCrFe - 7
2 - 10	φ4.0	直流反接	115	22	—	87	96	93	—	—	ENiCrFe - 7
2 - 11	φ4.0	直流反接	117	22	—	87	85	91			ENiCrFe - 7
2 - 12	φ4.0	直流反接	116	22	—	87	98	87	—	—	ENiCrFe - 7
2 - 13	φ4.0	直流反接	121	23.5	—	112	115	118			ENiCrFe - 7

表 4 - 44（续 2）

焊道序号	焊材规格/mm	电流极性	电流/A	电压/V	焊速/(mm·min⁻¹)	预热温度或层间温度/℃			保护气体流量/(L·min⁻¹)		其他
									正面	背面	
2 - 14	φ4.0	直流反接	119	23	—	113	115	128	—	—	ENiCrFe - 7
2 - 15	φ4.0	直流反接	120	23.5		98	97	99	—	—	ENiCrFe - 7
2 - 16	φ4.0	直流反接	118	23	—	112	115	119	—	—	ENiCrFe - 7
2 - 17	φ4.0	直流反接	120	23.5	—	115	117	118	—	—	ENiCrFe - 7
2 - 18	φ4.0	直流反接	119	23	—	129	127	121	—	—	ENiCrFe - 7
2 - 19	φ4.0	直流反接	120	23.5	—	132	134	137	—	—	ENiCrFe - 7
2 - 20	φ4.0	直流反接	121	23.5	—	113	115	118	—	—	ENiCrFe - 7
2 - 21	φ4.0	直流反接	118	23	—	119	121	128	—	—	ENiCrFe - 7
2 - 22	φ4.0	直流反接	120	23.5	—	127	129	132	—	—	ENiCrFe - 7
2 - 23	φ4.0	直流反接	121	23	—	134	137	139	—	—	ENiCrFe - 7
2 - 24	φ4.0	直流反接	118	23	—	112	127	128	—	—	ENiCrFe - 7
2 - 25	φ4.0	直流反接	121	23.5	—	132	136	138	—	—	ENiCrFe - 7
2 - 26	φ4.0	直流反接	120	23.5	—	125	127	129	—	—	ENiCrFe - 7
2 - 27	φ4.0	直流反接	119	23	—	132	135	137	—	—	ENiCrFe - 7
2 - 28	φ4.0	直流反接	120	23.5	—	102	105	108	—	—	ENiCrFe - 7
2 - 29	φ4.0	直流反接	121	23.5	—	123	134	129	—	—	ENiCrFe - 7
2 - 30	φ4.0	直流反接	119	23	—	132	134	138	—	—	ENiCrFe - 7
2 - 31	φ4.0	直流反接	120	23.5	—	135	137	140	—	—	ENiCrFe - 7
2 - 32	φ4.0	直流反接	121	23.5	—	135	132	137	—	—	ENiCrFe - 7
2 - 33	φ4.0	直流反接	120	23	—	134	129	132	—	—	ENiCrFe - 7

参考焊工（签字）:胡××　　　　　　　　　　　　　　　　　　监考人（签字）:监考一号

表 4 - 45　监考记录表 2

焊工项目考试施焊及监考记录表		施焊及监考记录表编号:JK(NS) - 12 - 012	
		考试计划编号:×××-JH - 12 - 04	
参考焊工单位			
项目代号	HD(D) P Ⅲ c(Ni) T50 PC Z1 T50		
焊工姓名	胡××	工位编号	×××-H-××
考试用焊接工艺规程编号	GC - 10 - 074	焊工项目考试编号	074 - A×××

表 4 - 45（续）

项目				预热六点测温						层间温度三点测温			日期	时间
				A	B	C	D	E	F	1	2	3		
I	II	III	IV	℃						℃				
√				30	30	30	30	30	30				2013.02.21	8：30
√				78	83	90	95	98	96				2013.02.21	9：00
√				156	167	176	168	169	170				2013.02.21	9：15
		√		198	197	212	215	217	225				2013.02.21	13：30
		√		257	267	268	275	277	278				2013.02.21	14：00
		√		273	275	278	289	295	299				2013.02.21	14：30
		√		298	313	321	325	325	332				2013.02.21	15：00
		√		312	334	345	356	357	359				2013.02.21	15：30
		√		323	345	347	335	336	348				2013.02.21	16：00

注：① I 为预热开始，II 为焊接，III 为后热开始，IV 为后热结束。

② 根据操作内容分别在项目一栏中的 I、II、III、IV 子栏中做好标记，并在后面的栏目内记录相应的规范或时间。

③ 在焊前预热 30 min。沿焊缝长度方向六个测温点 A、B、C、D、E、F 进行测温。

④ 每层焊缝焊接前，沿焊缝长度方向检查层间温度，对三个测温点 1,2,3 进行测温。

参考焊工（签字）：胡××　　　　　　　　　　监考人（签字）：监考一号

六、焊后检验

（一）焊缝外观检测

焊后检查试件检验项目、检查数量和试样数量见表 4 - 46。

表 4 - 46　试件检验项目、检查数量和试样数量

试件形式	试件厚度 /mm	检验项目				
		外观检验 /件	射线检验 /件	冷弯试验/个		
				面弯	背弯	侧弯
坡口焊缝 试件板对接	≥12	1	1	—	—	2

注：① 表中外观检验试件数量即考试试件数量。

② 当试件厚度 ≥10 mm 时，可以用 2 个侧弯试样代替面弯和背弯试样。

焊接完成后，试件转机加去除垫板，机加垫板处如果不平整，可进行轻微修磨。试件按 HAF603 附件 2 中的 2.2 条款做外观检验。

（1）试件的外观检验，采用目视或 5 倍放大镜进行。手工焊的板材试件两端 20 mm 内的缺陷不计，焊缝的余高和宽度可用焊缝检验尺测量最大值和最小值，但不取平均值，单面

焊的背面焊缝宽度可不测定。

（2）试件焊缝的外观检验应符合下列要求：

①焊缝表面应是焊后原始状态，不允许加工修磨或返修；

②焊缝外形尺寸应符合表4－47的规定以及下列要求；

表4－47　焊缝外观检查表

余高 /mm	余高差 /mm	比坡口每侧增宽 /mm	宽度差 /mm	焊缝边缘直线度 /mm	变形角度 θ/(°)	错边量 /mm
0～4.0	≤3	0.5～2.5	≤3	≤2	≤3	≤2

③焊缝边缘直线度：手工焊≤2 mm；

④各种焊缝表面不得有裂纹、未熔合、夹渣、气孔、焊瘤和未焊透；

⑤属于一个考试项目的所有试件外观检验的结果均符合2.2.2各项要求，该项试件的外观检验为合格，否则为不合格。

（3）如表4－47所示，试件外观按HAF603附件3中的有关条款做外观尺寸检验。

（4）变形角度的测量：板状试件焊后变形角度θ≤3°。

（5）错边量测量：试件的错边量不得大于10%T，且≤2 mm。

（6）咬边检查：如表4－48所示，咬边深度≤0.5 mm，累计咬边总长度≤26 mm。

表4－48　手工焊焊缝表面咬边

缺陷名称	允许的最大尺寸
咬边	深度≤0.5 mm；焊缝两侧咬边总长度不得超过焊缝长度的10%。

（7）民用核安全设备焊工项目考试外观检验报告。

HAF603－HD007项目的外观检验报告见表4－49。

表4－49　HAF603－HD007项目考试外观检验报告
报告编号：WG(NS)－11－焊考－×××

实施计划编号	×××－11－××－××	焊工项目考试编号（试件编号）	074－A×××
焊工姓名	胡××	依据标准	HAF603－2008
焊接方法	HD	母材牌号和规格	试板牌号：INCONEL690 试板规格：30 mm
试件形式	板对板	焊接位置	PC
原始状态		原始	
焊缝余高	裂纹		咬边
2.5～3.0 mm	无		$h≤0.5$ mm；$L=18$ mm
焊缝余高差	未熔合		背面凹坑
0.5 mm	无		—

表 4-49（续）

比坡口每侧增宽	夹渣	变形角度
1.5 ~ 2.0 mm 1.0 ~ 2.5 mm	无	1°
宽度差	气孔	错边量
1.5 mm(32 ~ 30.5 mm)	无	0.5 mm
焊缝边缘直线度	焊瘤	角焊缝凹凸度
1.5 mm	无	—
背面焊缝余高	未焊透	焊脚尺寸
—	无	—
堆焊焊道高度差	堆焊凹下量	通球检验
—	—	—
堆焊焊道平面度		
—		
外观检验结果(合格、不合格)	合格	检验日期	××××.××.××
检验人员	罗×	证书号	××××
复审人员	吴××	证书号	××××

（二）焊缝射线探伤

试件按 HAF603 附件 2 中的 2.3 条款做射线探伤,试件的无损检验应符合民用核安全设备产品一级焊缝的检验要求。

（三）力学性能检验

试样按 HAF603 附件 2 中的表 1 和 2.4 条款做 2 个侧弯试验。

七、结束语

HAF603 - HD007 技能培训项目是民用核安全设备焊工培训、考试和取证基本项目之一,故学习和掌握该项目的操作技术非常重要,对于保证核电设备的焊接质量至关重要。通过长期的培训实践证明,本书所介绍的操作技术不仅方便焊工学习和掌握,焊接质量好,合格率高,而且缩短了培训周期,是一种行之有效地焊接技能操作技术。

HAF603 - HD007 项目焊接适用范围见表 4-50。

表 4-50 HD007 项目焊接适用范围

聘用单位名称			项目代号编号	H - ××× -16
焊工项目考试 合格项目代号	HD P GW Ⅶ c t30h80 PCssmb			
变素	代号	含义	适用范围	
焊接方法	HD	焊条电弧焊	焊条电弧焊	

表 4 – 50（续）

变素	代号	含义	适用范围
试件形式	P	板 – 板接头	P 接头 管外径：$D \geq 150$ mm 的 T 接头
焊缝形式	GW	P 接头的 对接焊缝	GW 焊缝 FW 焊缝
母材类别	Ⅶ	镍基合金	仅限Ⅶ材料
焊接材料	c	低氢型焊条	a、b、c
焊缝金属厚度	t30h80	焊缝金属厚度 30 mm 障碍板高 80 mm	焊缝金属厚度：5 ~ 140 mm
焊接位置	PC	横焊	PA、PB、PC
焊接要素	Ss mb	单面焊/带衬垫	带衬垫单面焊或双面焊
专用焊工项目考试工艺评定编号		—	
Y 类专项考试焊机型号		—	
Z 类专项考试举例名称		—	

第五章 手工钨极惰性气体保护焊

一、工作原理

钨极惰性气体保护焊的原理如图 5-1 所示。焊接时,从喷嘴中均匀地、连续地喷出惰性气体,可靠地将焊接区保护起来,利用钨极与工件间产生的电弧的热量熔化母材和填充金属(可不加填充金属),形成熔池,在惰性气体保护下,熔池冷却结晶后形成焊缝。

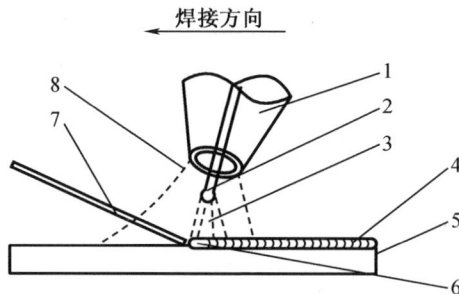

图 5-1 钨极惰性气体保护焊原理图
1—喷嘴;2—钨极;3—电弧;4—焊缝;5—焊件;6—熔池;7—焊丝;8—惰性气体

焊接时,填充焊丝从钨极的前方添加。当焊件厚度小于 3 mm 时,一般不需开坡口和加填充金属。

焊接过程可用手工进行,也可以自动化送丝。保护气体可采用氩气、氦气或氩氦混合气体。在特殊应用场合,可添加少量的氢。用氩气作为保护气体的称钨极氩弧焊,用氦气的称钨极氦弧焊。由于氦气价格昂贵,在工业上钨极氩弧焊的应用要比氦弧焊广泛得多。

本章主要介绍手工钨极惰性气体保护焊。

二、钨极氩弧焊的优缺点

(一)优点

(1)氩气能有效地隔绝周围空气,它本身不溶于金属、不与金属反应,焊接过程中电弧还有自动清除焊件表面氧化膜的作用。因此,钨极氩弧焊可用来焊接易氧化、易氮化、化学活泼性强的有色金属、不锈钢和各种合金。

(2)钨极电弧稳定。即使在很小的焊接电流(<10 A)下仍可稳定燃烧,特别适用于薄板、超薄板材料焊接。热源和填充焊丝可分别控制,因而热输入容易调节,可进行各种位置的焊接,也是实现单面焊双面成形的理想方法。

(3)一般钢材(碳钢、合金钢)不需要预热。例如,碳钢 SA-516GrB、SA-210GrC、耐热钢 SA213-T11,甚至壁厚小于 5 mm 的马氏体钢 SA213-T91 也不需要预热。

（4）焊缝成形美观。由于填充焊丝不通过电弧,故不会产生飞溅。

（二）不足之处

（1）熔深浅,熔敷速度小,生产率较低。

（2）钨极承载电流的能力较差,过大的电流会引起钨极熔化和蒸发,其微粒有可能进入熔池,造成污染（夹钨）。

（3）氩气较贵,和其他电弧焊方法（如焊条电弧焊、埋弧焊、CO_2 气体保护焊等）比较,生产成本较高。

（4）氩弧焊产生紫外线强度是焊条电弧焊的 5～30 倍,在紫外线照射下,空气中氧分子、氧原子互相撞击生成臭氧,对焊工危害较大。

（5）试件的坡口尺寸加工精度要求高,需要机加工。核一回路产品制造部件,尤其是不锈钢和镍基合金,不提倡碳弧气刨加工的坡口,保证不了焊接质量。

三、应用范围

（1）手工钨极惰性气体保护焊是一种全位置焊接方法,特别适于焊接薄板,可焊接的最小厚度是 0.1 mm,5 mm 以下可单道焊,3～50 mm 的工件可多层焊或多层多道焊。由于效率较低,故焊厚板时通常用来焊打底焊道。

（2）可焊接大多数金属和合金,如碳钢、合金钢、耐热合金、难熔金属、铝合金、铍合金、铜合金、镁合金、镍合金、钛合金及锆合金。

很难用手工钨极惰性气体保护焊焊接铅和锌。因为它们的熔点比电弧温度低得太多（铅的熔点为 327.5 ℃,锌的熔点为 419.0 ℃）,很难控制焊接过程,加上锌的蒸气压高,沸点仅906 ℃,焊接时剧烈蒸发,使焊缝质量低劣。若需采用手工钨极惰性气体保护焊焊接涂有铅、锡、锌、镉或铝的钢及其他熔点较高的金属时,焊前应设法清除掉焊接区的涂层,焊后再重新涂敷。

钨极惰性气体保护焊的英文缩写和钨极惰性气体保护焊在《锅炉压力容器压力管道焊工考试与管理规则》中的代号均为 GTAW;钨极惰性气体保护焊在《焊接及相关工艺方法代号》（GB/T 5185—2005/ISO 4063:1998）中的代号为 141;在《民用核安全设备焊工焊接操作工资格管理规定》（HAF603）中将钨极惰性气体保护焊分成两个代号:手工钨极氩弧焊 HWS和自动钨极氩弧焊 HWZ。

本章主要讲述手工钨极惰性气体保护焊技能操作技术,介绍了引弧、焊枪运行轨迹、送丝、收弧和焊道接头等基本操作技术,介绍了常用考试项目的基本操作要领,包括奥氏体不锈钢板对接横位手工钨极惰性气体保护焊、奥氏体不锈钢管对接水平固定手工钨极惰性气体保护焊、奥氏体不锈钢骑座式管板试件垂直仰位手工钨极惰性气体保护焊和蒸发器镍基合金管子管板水平固定手工钨极氩弧挖坑返修焊等。

第一节　奥氏体不锈钢板对接横位手工钨极惰性气体保护焊

本教案对核电手工钨极惰性气体保护焊奥氏体不锈钢板对接横位焊接技能操作项目的要点简介、焊前准备、典型焊接缺陷及预防、奥氏体不锈钢的焊接性、基本操作技术简介、焊接工艺规程、焊接操作、焊后检验等方面做了较详细的介绍。

为了叙述方便,HAF603 项目代号为 HWS P GW Ⅵ 02 t5 PC ss nb 的奥氏体不锈钢板对接横位手工钨极惰性气体保护焊以下均称为"HAF603 – HWS004"。

一、本项目要点简介

HAF603 – HWS004 项目开 V 形坡口横位置焊接操作难度较大,对焊工的操作技能要求高,主要体现在焊缝的背面成形、试板变形、焊缝层间温度、电弧长度、焊枪角度变化、焊缝保护工装准备等方面。

(一)适用范围

本教案适用于核电手工钨极惰性气体保护焊奥氏体不锈钢板对接横位焊接的技能培训,也可用于生产产品的焊接指导或技能教师在培训学员时的教学方法。

(二)教案编写依据

(1)《民用核安全设备焊工焊接操作工资格管理规定》(HAF603)2008 年版。

(2)手工钨极惰性气体保护焊奥氏体不锈钢板对接横焊焊接工艺规程,编号:GC – 11 – 096。

(3)适用性文件《预热、层温、后热和焊后热处理总要求》《对焊接操作的附加要求》和《焊接的总要求》。

二、焊接前的准备

(1)工具:钳式电流电压表、数字型接触式测温仪、钢板尺、砂带机、电动角向磨光机、奥氏体不锈钢刨锤、头戴式面罩、拖线板、无铁铝基砂轮片、不锈钢刷子。

(2)试件规格:300 mm × 125 mm × 5 mm,2 块。

(3)材质:0Cr18Ni9 或等效材料。

(4)试件清理:试板坡口两侧及背面 25 mm 范围内的油、锈、氧化皮等应清理干净,直至露出金属光泽。

(5)在试件上标注焊工项目考试编号。

(6)焊接材料牌号:ER 308L/ϕ1.0 mm。

(7)电源种类及极性的选择:选用直流焊机,直流正接(即工件接正)。

(8)焊前检查:启动焊机前,检查各处的接线是否正确、牢固可靠,用钳型电流电压表检查电流是否准确。

三、典型焊接缺陷及预防

(一)焊接缺陷

手工钨极惰性气体保护焊的焊工在操作过程中,若焊枪角度和电弧长度稳定性等因素掌握不好,将出现焊瘤、未焊透、背面焊缝严重氧化、气孔、夹钨、咬边、内凹和未熔合等焊接缺陷。

(二)常见焊接缺陷产生的原因

1. 背面焊瘤和未焊透

焊接电流过大、焊缝间隙和熔孔过大,焊接电弧在局部停留时间过长,均易产生焊瘤。反之,则易产生未焊透。

2. 背面焊缝严重氧化

焊接高合金钢或奥氏体不锈钢时,为防止氧化,试件背面要充氩保护。若背面焊缝充氩保护装置未能起到良好保护作用或者在施焊过程中热输入较大,焊缝背面都将产生氧化。

3. 气孔

(1)气路有泄漏,氩气流量过大或过小,不符合工艺规范所要求的流量;

(2)钨极伸出长度过长,喷嘴直径过小;

(3)施焊的周围有强空气气流流动,影响了电弧稳定燃烧和氩气的保护作用;

(4)施焊过程中,焊枪运作不规范,电弧忽长忽短或焊枪角度不正确等;

(5)工件表面上的油物和杂物,气体的纯度不够。

4. 夹渣与夹钨

未能彻底清除前道焊缝表面的熔渣;施焊过程中由于操作方法不当,焊道与坡口两侧交接处有沟槽。

5. 咬边

焊接时焊枪移动不平稳,电弧过长;焊枪做锯齿形摆动时,坡口面两边停留时间短而且未能保证供给一定的送丝量。

6. 弧坑裂纹

收弧时,熔池体积较大,温度高,冷却速度快。

7. 内凹

装配间隙较小,施焊过程中焊枪摆动幅度过大,致使电弧热量不能集中于根部,产生了背面焊缝低于试件表面的内凹缺陷。焊接时焊丝未能对准熔孔部位进行正确的"点 – 送"操作程序。

8. 未熔合

(1)焊接电流过小,焊枪角度不正确。

(2)焊枪横向摆动到坡口边缘时,未做必要的停留,以及节点的间距过大等。

四、奥氏体不锈钢的焊接性

不锈钢除了具有很强的化学稳定性以外,还具有足够的强度和塑性,在一定的高温和低温下具有稳定的力学性能和耐腐蚀性能。奥氏体不锈钢因组织无淬硬性,因此焊接性良好,焊接时无须采用特殊工艺,一般的熔焊方法,如焊条电弧焊、埋弧焊、惰性气体保护焊、等离子弧焊等,均可获得优质的焊接接头。

假如焊接填充材料选用不当或工艺不正确,有可能产生晶间腐蚀、焊接热裂纹、475 ℃脆性和 σ 相脆化等缺陷。

手工钨极惰性气体保护焊奥氏体不锈钢的焊接,所采用的气体是惰性气体,一般指氩气,它是一种单原子气体,不与金属起反应,电弧热量集中,合金烧损少,是焊接奥氏体不锈钢的理想焊接方法。手工钨极惰性气体保护焊(TIG)常用于壁厚小于 3 mm 的薄板或直径≤60 mm 的管子,全位置焊接或用于大直径中、厚壁管道的打底焊接。

五、基本操作技术简介

(一)填丝

手工钨极惰性气体保护焊是一种不熔化电极的焊接方法,即钨极在焊接过程中不熔化,填充金属依靠不带电的焊丝来补充,两者分开,互不干扰。因此,焊接时可以根据具体情况添加填充焊丝或不添加焊丝,这对于控制熔透程度、掌握熔池大小、防止烧穿等带来很大的方便,所以也容易实现全位置焊接。下面主要介绍焊接时添加填充焊丝的基本操作技术。

1. 填丝的分类

(1)连续填丝

这种填丝操作技术焊接质量较好,对保护层的扰动小,但比较难掌握。连续填丝时,要求焊丝比较平直。焊接时,左手小指和无名指夹住焊丝控制方向、拇指和食指有节奏地将焊丝送入熔池区,如图5-2所示。连续填丝时手臂动作不大,待焊丝快用完时才前移。当填丝量较大,采用强工艺参数时多采用此法。

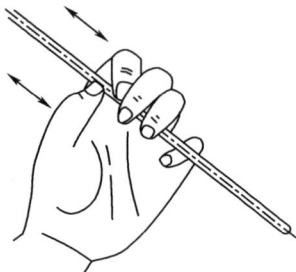

图5-2 连续填丝操作技术

(2)断续填丝(又叫点滴送丝)

左手拇指、食指和中指捏紧焊丝,小指和无名指夹住焊丝控制方向,焊丝末端应始终处于氩气保护区内以免被空气氧化。填丝动作要轻,不得扰动氩气保护层,禁止跳动,以防空气侵入。更不能像气焊那样在熔池中搅拌,而是靠手臂和手腕的上下往复动作,将焊丝端部的熔滴送入熔池,全位置焊时多用此法。

(3)特殊填丝法

焊丝贴紧坡口与钝边一起熔入,即将焊丝弯成弧形,紧贴在坡口根部间隙处,焊接电弧熔化坡口与钝边的同时也熔化了焊丝。这时要求根部间隙小于焊丝直径,此法可避免焊丝遮住焊工视线,适用于困难位置的焊接。

2. 填丝的要点

(1)熔透

打底焊时,必须等坡口两侧熔化后才填丝,以免造成熔合不良;当焊至打磨过的弧坑处时,应稍加焊丝使接头平整,待出现熔孔后再正常填焊丝,以使接头处熔池贯穿根部,保证接头处熔透。

(2)角度

填丝时,焊丝应与试件表面成15°~20°的夹角,敏捷地从熔池前沿点进,随后撤回,如此反复动作。

(3)速度

填丝要均匀,快慢适当。过快,焊缝熔敷金属加厚;过慢,易产生下凹或咬边;焊丝端部始终处于氩气的保护区内。

(4)摆动

根部间隙大于焊丝直径时,焊丝应跟随电弧同步做横向摆动。无论采用哪种填丝动作,送丝速度均应与焊接速度相适应。

（5）位置

填充焊丝时,不应把焊丝直接置于电弧下面,把焊丝抬得过高也是不适宜的,不应让熔滴向熔池"滴渡"。填丝位置的正确与否如图5-3所示。

（6）打磨

操作过程中,如不慎使钨棒与焊丝相碰,发生瞬间短路,将产生很大的飞溅和烟雾,会造成焊缝污染和夹钨。这时应立即停止焊接,用砂轮磨掉试件和焊缝上的被污染处,直至磨出金属光泽。被污染的钨棒应重新磨尖后,方可继续焊接。

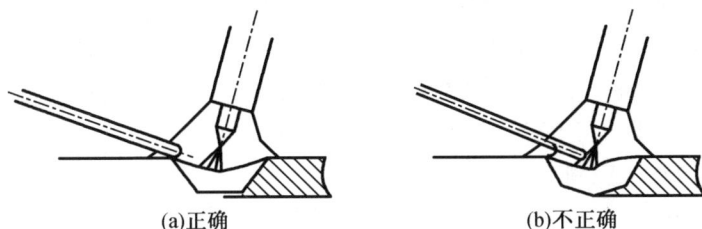

(a)正确　　　　　　　　(b)不正确

图5-3　填丝位置的示意图

（7）氧化

撤回焊丝时,切记不要让焊丝端头撤出氩气的保护区,以免焊丝端头被氧化,在下次点进时,被氧化端头进入熔池,会造成氧化物夹渣或产生气孔。

（二）收弧

当焊接终止时,就要收弧,而收弧技术的好坏,将直接影响焊缝质量和成形的美观。若收弧方法不正确,在收弧处容易产生弧坑裂纹、气孔、烧穿等缺陷。

收弧一般有四种方法:增加焊接速度法、焊缝增高法、应用熄弧板法和焊接电流衰减法。

在采用增加焊接速度收弧法时,焊枪前移速度要逐渐加快,焊丝的送给量逐渐减少,直到母材不熔化为止。

使用没有熄弧板或焊接电流衰减装置的氩弧焊机,收弧时不要突然拉断电弧,要往熔池里多加填充金属,填满弧坑,然后缓慢提起电弧。若还存在弧坑缺陷,可重复动作。

一般常用的收弧法是焊接电流衰减法。常用氩弧焊设备都配有焊接电流自动衰减装置,熄弧时,焊接电流自动减小,氩气开关延时5~10 s关闭,以防焊缝金属在高温下继续氧化。

（三）焊道接头

在焊接过程中,由于某种原因,一条焊缝没有焊完即中途停止,叫熄弧。再引燃电弧继续焊接,就出现了焊道接头（以下简称接头）。

无论焊接打底层焊道还是填充层焊道,控制接头的质量很重要,因为接头是两段焊缝交接的地方。由于温度的差别和填充金属量的变化,该处易出现未焊透、夹渣、气孔和成形不良等缺陷,所以焊接过程中应尽量避免停弧,减少接头次数。但是在实际操作时,需要更换焊丝、更换钨极、焊接位置的变化或要求对称分段焊等,必须停弧,因此接头是不可避免的,应尽可能地设法控制接头质量。接头要采取正确的方法,即先将收弧处磨出圆滑过渡的斜坡状并检查是否清除缩孔、裂纹等缺陷,然后在离弧坑斜后10~15 mm处引弧,等熔池基本形成后,如图5-4所示,再向后压1~2个波纹。接头起点不加或稍加焊丝,焊接速度由快逐渐转慢并压低电弧进行焊接。此时,由起弧处到弧坑的轮廓线处出现一条由细渐粗的小尾巴状焊缝。当运丝至弧坑处时,将焊丝尽量下伸,稍做停顿,焊枪也在弧坑处的地方稍做停顿,待弧坑处的铁水填满时,即可转入正常焊接。

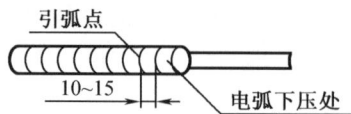

图 5-4　焊道接头操作技术示意图(尺寸单位:mm)

（四）手工钨极惰性气体保护焊单面焊双面成形操作技术

单面焊双面成形操作技术是在坡口正面进行焊接,焊后保证试件的正、反面都能获得均匀整齐、成形良好并符合质量要求的优质焊缝的焊接操作方法,适用于高温高压容器,是焊接质量要求高且无法从背面清除焊根的一项难度较大的操作技术。

1. 打底焊道的质量控制

打底焊道的焊接在培训过程中,有三个问题应提请学员注意:

（1）表面气孔

表面气孔是手工钨极惰性气体保护焊经常出现的一种缺陷,是坡口及其近旁清理不干净,或氩气不纯、流量过大、过小或钨极伸出喷嘴太长等原因造成的。预防表面气孔的措施是将焊丝、焊件坡口及其近旁彻底清理干净,选择合适的氩气流量或更换不纯的氩气等。实践经验表明,当焊枪的喷嘴端面距人脸 10 mm 左右时,打开氩气流量开关,脸部有轻微的风吹感觉,就说明氩气流量合适。

（2）弧坑裂纹

通常是收弧时未填满熔池造成的,也就是熄弧方法不正确时产生的缺陷。只要在熄弧时注意填满熔池,然后将电弧引出熔池外熄弧,就不会产生弧坑裂纹。

（3）未焊透

不正确的焊丝和焊枪角度会使电弧偏吹,产生未焊透,另外焊接电流过小、焊接速度过快、电弧过长也会产生未焊透缺陷。为避免这种缺陷的产生,除了保证焊枪和焊丝角度正确外,还要保证焊枪、焊丝在同一个平面上。在选择合适的焊接电流后,要适当地控制焊接速度和电弧长度,当熔深达到 1 mm 左右时,应迅速添加焊丝。只有采取了上述的措施后,才可避免未焊透缺陷出现。

2. 专用夹具及焊缝背面成形的保护装置

奥氏体不锈钢管及薄板对接焊,一般是在专用夹具上进行装配和焊接的,装配夹具中央镶嵌一块带有凹槽的铜板。装配时,将试件的坡口根部间隙对准铜板的凹槽,调整好根部间隙后加上压板压紧。试件由于夹持在带有小槽的夹具内,从焊枪流出的保护气体,除保护试件熔池正面外,还有部分保护气体通过试件的装配间隙吹入专用夹具的凹槽内,这样有助于焊件散热,减少试件的变形。为防止背面焊缝氧化,需进行充氩保护,利用凹槽壁的反射作用将吹入通气槽的气体反吹到试件坡口背面,使焊缝背面成形良好。图 5-5 是板状试件焊缝背面成形保护装置图。

3. 打底焊道的厚度

打底焊道应具有一定的厚度,对于壁厚不大于 10 mm 的管子,其厚度不得小于 2～3 mm;对于壁厚大于 10 mm 的管子,如图 5-6 所示,其熔敷厚度不得小于 3～4 mm,打底焊缝完成,经清理后,才能进行填充层或盖面层的焊接。

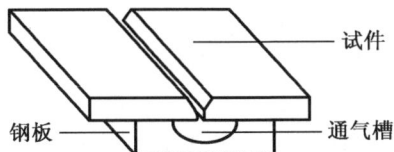

图5-5　焊缝背面成形保护装置图

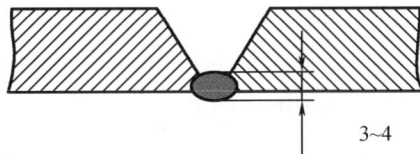

图5-6　打底焊道的熔敷厚度(尺寸单位:mm)

4. 打底焊道的焊接

焊接开始后,焊丝与焊枪要协调配合,焊丝填入动作要熟练、均匀,填丝要有规律,焊枪移动要平稳,速度一致。施焊中应密切注意焊接参数的变化及相互关系,随时调整并稳定焊枪移动的速度和角度。当发现熔孔增大,焊缝变宽出现下凹,说明熔池温度太高,这时应减小焊枪与试件的夹角,加快焊接速度;当熔孔变小,焊缝变窄时,说明熔池温度低,易出现未焊透、内凹等焊接缺陷,应增加焊枪倾角,减慢焊接速度。通过各参数之间的良好配合及焊丝、焊枪的协调运行(根据根部间隙大小,焊丝与焊枪可同步或在坡口内做小幅度摆动),来保证焊缝的良好成形。

焊至试件末端或焊丝用完需收弧时,应减小焊枪与试件表面之间的夹角,使热量集中在焊丝上,加大焊丝的熔化量。同时切断控制开关使焊接电流逐渐减小,熔池缩小,弧坑填满,此时焊丝抽离电弧区,但不能脱离氩气保护区。当电弧停止燃烧,氩气延时6~8 s关闭后,再将焊丝抽出,以防焊丝端头被氧化,影响焊缝的质量。

5. 焊枪的使用和技能操作方法

下列几项基本要求提请焊工注意:

(1)电源种类和极性

手工钨极惰性气体保护焊要注意根据试件的材质选取不同的电源种类(直、交流)和极性(正、反接),这对于焊接质量有重大意义。低碳钢、低合金钢和奥氏体不锈钢焊接时采用直流正接,铝及铝合金常采用交流电源。

(2)氩气保护

手工钨极惰性气体保护焊是利用氩气来保护焊接区域,防止空气侵入从而保证焊缝质量和焊丝不被氧化的一种焊接方法。焊接过程中,应始终把填充焊丝置于氩气的保护区内。而氩气是一种无色气体,人眼看不见,焊接过程中也看不见氩气保护区,所以要做到这一点,需要焊工在培训过程中逐步积累经验,提高操作技术水平,在摸索中逐步掌握这一操作技巧。

(3)送丝

左手握焊丝,送丝方式采用断续点滴法,焊丝在氩气保护区内往复断续地送入熔池,但焊丝不能与钨极接触或直接深入电弧的弧柱区,否则钨极将被高温氧化并烧损或焊丝在高温弧柱作用下一刹那熔化产生飞溅,同时伴有"啪啪"的声响,从而破坏了电弧稳定燃烧和氩气保护,引起熔池沾污和夹钨等缺陷。所以焊丝与钨极端部要保持一定距离,焊丝应在熔池前缘熔化。焊丝送给要有规律,不得时快、时慢,严格控制点进速度,保持焊缝高度平整均匀。

(4)培训

初学者可在焊件上画一粉线,例如试管,可在管子外壁沿周长画一封闭白粉线,使管子转动试焊。右手稍稍用力握枪,食指和拇指夹住枪身前部,其余三指触及试管作为支点,也可用其中两指或一指作为支点。在焊接过程中,要求手要稳,焊枪运行平稳,保持电弧稳定

131

燃烧,钨极端部离试件要有 2～4 mm 的距离,焊枪不能跳动和摆动。在板状试件的试焊过程中,双手要等速、均匀地由右向左移动(左向焊法),焊缝应保持直线,宽度应保持均匀。

当其他条件均能满足,而且焊工也能按以上四点基本要求操作,则焊接后的焊缝表面应呈清晰和均匀的鱼鳞波纹。

以上是对通用打底焊道程序的基本要求,学员想要进行产品的焊接,必需根据产品的特点(材质、规格、和焊接位置等要素)进行严格培训、考试和取证,方可对产品打底焊道进行焊接。

六、HAF603 - HWS004 焊接工艺规程

HAF603 - HWS004 项目的焊接工艺规程见表 5 - 1。

表 5 - 1　HAF603 - HWS004 项目的焊接工艺规程

编号:GC - 11 - 096　版本:A

技能考试项目代号	HWS P GW Ⅵ 02 t5 PC ss nb		
工艺评定报告编号/ 依据标准/有效期	LA2/TSD - PQR × × ×/ RCC - M2000/长期有效	自动化程度/稳压 系统/自动跟踪系统	手工焊

焊接接头		焊接接头简图(有衬垫的应标明衬垫的形式和截面尺寸):
坡口形式	V 形	
衬垫(材料)	—	
焊缝金属厚度	5 mm	
管子直径	—	
其他	—	

母材		填充金属	
		焊材类型 (焊条、焊丝、焊带等)	焊丝
类别号	Ⅵ		
牌号	0Cr18Ni9 或等效材料	焊材型(牌)号/规格	ER308 L　φ1.0 mm
规格	2 块,300 mm×125 mm×5 mm	焊剂型(牌)号	—
焊接位置		保护气体类型/混合比/流量	
焊接位置	横焊(PC)	正面	Ar / 99.99% / 7～8 L/min
焊接方向	—	背面	Ar / 99.99% / 6～7 L/min
其他	—	尾部	—

表 5-1(续)

预热和层间温度		焊后热处理	
最低预热温度	5 ℃	温度范围	—
最高层间温度	250 ℃	保温时间	—
预热方式	—	其他	—

焊接技术

最大热输入			—
喷嘴尺寸	—	导电嘴与工件距离	—
清根方法	打磨	焊缝层数范围	4~6层
钨极类型/尺寸	WCe-20 φ2.4 mm	熔滴过渡方式	—
直向焊、摆动焊及摆动方法		多道直道焊	
背面、打底及中间焊道清理方法		刷理或打磨	

焊接参数

焊层	焊接方法	焊材		焊接电流		电压范围/V	焊接速度/(cm·min⁻¹)
		型(牌)号	规格/mm	极性	范围/A		
定位焊	HWS	ER 308L	φ1.0	直流正接	65~120	12~16	
序号1 打底焊	HWS	ER 308L	φ1.0	直流正接	65~120	12~16	
序号2 填充焊	HWS	ER 308L	φ1.0	直流正接	65~120	12~16	—
序号3 盖面焊	HWS	ER 308L	φ1.0	直流正接	65~120	12~16	

工艺说明	施焊操作要领
工艺说明: (1)本规程根据《民用核安全设备焊工焊接操作工资格管理规定》(HAF603)编制; (2)操作考试前,应当在主考人、监考人与焊工共同在场确认的情况下,在试件上标注焊工项目考试编号; (3)焊接完成后,试件按 HAF603 附件 2 中的表 1 和 2.2 条款做外观检验; (4)试件按 HAF603 附件 2 中的表 1 和 2.3 条款做射线探伤; (5)试件按 HAF603 附件 2 中的表 1 和 2.4 条款做 1 个面弯和 1 个背弯	操作要领: (1)操作考试前,参考焊工应将坡口表面及两侧 25 mm 范围内清理干净,去除铁屑、氧化皮、油、锈和污垢等杂物; (2)焊接序号 1 前,背面要充氩保护; (3)第一层焊缝中至少应当有一个停弧再焊接头; (4)焊缝表面最后一层应保持原始状态,不允许修磨和返修

编制		审核		批准	
日期		日期		日期	
编制单位名称					

七、焊接操作

(一)打底层

(1)首先在试板两端进行定位焊,每处长度约 10 mm,定位焊缝应牢固,防止开裂,焊缝的内侧磨成斜坡状。保证钝边 0.5~1 mm,根部间隙 2~3.5 mm,反变形量约 3°。试板于横焊位置固定时,根部间隙大的一端放在左面。

(2)背面送气。在焊接奥氏体不锈钢等材料时,为改善根部焊缝背面成形,防止焊缝背面氧化,焊接时焊缝背面必须加保护工装,进行通气保护。可采用带凹槽的奥氏体不锈钢衬垫,对准焊缝位置后,在引弧前提前 10~20 s 通入氩气,如图 5-7 所示。

图 5-7 背面送气保护装置实物照片

(3)将试件固定在横焊位置,采用左向焊法。操作时,焊枪轻微横向摆动,钨极端部距离熔池 2~3 mm 为宜(太低易和熔池、焊丝相碰,形成短路,太高氩气对熔池的保护不好)。持枪方法及焊枪角与填丝的相对位置如图 5-8 所示。

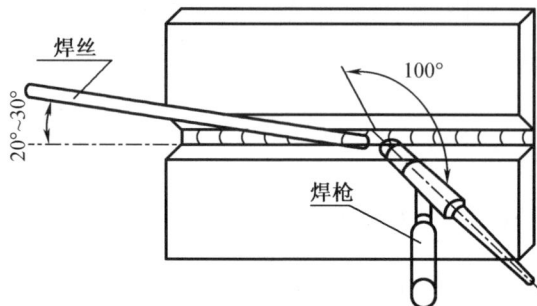

图 5-8 持枪方法及焊枪角与填丝的相对位置示意图

(4)为了补偿焊接时的收缩量,试件左边端部的根部间隙要大于右边端部根部间隙。试件左边端部根部间隙为 3.5~4.0 mm,右边端部根部间隙为 2.5~3.0 mm。焊接方向是由左到右焊接,右边端的定位焊缝处要用锉刀或角向砂轮打磨成斜坡状。

(5)焊枪在试件右边定位焊缝上引燃电弧并移至预先打磨出的斜坡处,等熔池基本形成后,再向后压 1~2 个波纹。接头起点不加或稍加焊丝,当出现第一个熔孔后,即可转入正常焊接。

(6)焊接过程中,采用锯齿形运枪法,焊枪窄幅摆动并随时观察熔孔大小,若在运作过程中,发现熔孔不明显,则应暂停送丝,待出现熔孔后再送丝。此种操作方法,可以避免产生未焊透;如果熔孔过大,熔池有下坠现象,则利用电流衰减功能来控制熔池温度,以减小熔孔,此种操作方法,可以避免背面焊缝成形过高。

（7）打底层采用断续送丝，背面焊缝的质量与送入焊丝的准确程度有很大的关系。为保证背面焊缝成形饱满，左手握焊丝贴着坡口均匀有节奏送进。在送丝过程中，当焊丝端部进入熔池中的熔孔部位时，应将焊丝端头轻轻推向坡口根部，这时电弧已把焊丝端部熔化，接着开始第二个送丝程序的动作，直至焊完打底层焊缝。一般背面焊缝的余高以 0 ~ 3 mm 为宜。焊丝与焊枪的动作要配合协调，同步移动，打底层焊接根据根部间隙大小，调整焊丝的填充量，焊枪同时向左边焊接做小幅度上下摆动。注意焊缝熔孔的大小，控制好层间温度，焊枪的角度稍微向上边坡口倾斜施焊。

（8）由于熔池温度高、母材热膨胀系数大等因素，弧坑易产生裂纹和缩孔。所以收弧时，首先利用电流衰减的功能，逐渐降低熔池温度；然后将熔池由慢变快引至前方一侧的坡口面上，以逐渐减小熔深，并在最后熄弧时保持焊枪不动，延迟氩气对弧坑的保护。

（9）焊道接头处应在焊前先打磨出斜坡状，重新引燃焊接电弧的位置在斜坡后 5 ~ 10 mm 处，当焊接电弧移动在斜坡口内时，稍加焊丝，待焊至斜坡端部并出现熔孔后，再转入正常焊接。焊完打底层焊缝后，只需简单清理就可继续焊接填充层了。打底焊缝成形为金黄色或银白最佳，如图 5 - 9 所示。

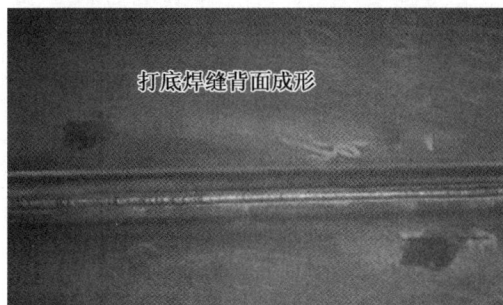

图 5 - 9　打底焊缝成形照片

（二）填充层

（1）焊接时，焊接方向仍自右到左进行施焊，焊丝、焊枪与试件的夹角与打底焊相同。

（2）填充层焊接电流比打底层稍大，填充层焊接电流 90 ~ 100 A、电弧电压 12 ~ 13 V。

（3）由于填充层坡口变宽，焊枪在做锯齿形摆动时，应适当增大摆幅，在摆动到坡口两侧时，电弧稍加停留，使两侧的坡口面充分熔化，将打底层表面存在的非金属夹渣物浮出填充层焊缝表面，并避免焊缝出现凸形。千万注意不能破坏坡口棱边，否则盖面层的每侧增宽的控制将失去基准，同时也避免焊缝出现凸型。施焊中，焊丝端头轻擦打底层焊缝表面，均匀地向熔池送进。

（4）填充焊道接头与打底焊道接头应错开。接头时，重新引燃焊接电弧的位置应在弧坑后 5 ~ 8 mm 处，引燃电弧后，焊枪上下摆动，当焊接电弧移动至弧坑处时，适当添加填充焊丝以使接头平整，控制好焊缝的宽窄及高低，再转入正常焊接。

（5）焊道表面离试板表面凹度约 1 mm，当填充层焊完后，清理一下就可焊盖面层。

（三）盖面层

（1）盖面前用数字型接触式测温仪测试试件的温度，在 50 ~ 80 ℃即可焊接，盖面层的焊接操作方法均与填充层相同。

（2）焊枪上下轻微摆动，要摆到坡口棱边并稍做停留，使熔池金属将坡口两侧边缘覆盖住 1 ~ 2 mm 即可,采用多道焊盖面。

(3)盖面层的焊接电流要比填充层的参数小些,焊接电流约 100 A,焊接电弧不宜过高,控制好层间温度。

(4)盖面层焊缝的搭接量要均匀,直线度要掌握好,尽量减少焊缝的搭接接头。

(四)监考记录表

为了更好地总结经验,我们采用了填写监考记录表的形式来记录每一条焊缝的工艺规范参数。例如,焊接工艺参数、层间温度记录和焊道记录图,见表5-2。

在焊接过程中用测温笔测量焊缝左中右三点的层间温度。

表5-2 监考记录表

焊工项目考试施焊及监考记录表			施焊及监考记录表编号:JK(NS)-15-×××			
			考试计划编号:×××-JH-15-××			
参考焊工单位						
项目代号			HWS P GW Ⅵ 02 t5 PC ss nb			
焊工姓名		李××	工位编号		×××-H-××	
考试用焊接工艺规程编号		GC-11-096	焊工项目考试编号		096-A×××	
考试日期		2013.08.28				
考试开始时间		09:30				
考试终止时间		16:00				
考试开始时间						
考试终止时间						

焊道序号	焊材规格/mm	电流极性	电流/A	电压/V	焊速/(mm·min⁻¹)	预热温度或层间温度/℃	保护气体流量/(L·min⁻¹) 正面	背面	其他
定位焊	φ1.0	直流正接	90	13		28 28 28	8	7	ER308L
1-1	φ1.0	直流正接	90	13		31 31 31	8	7	ER308L
2-1	φ1.0	直流正接	100	12		60 59 55	8	—	ER308L
2-2	φ1.0	直流正接	100	14		55 50 46	8	—	ER308L
3-1	φ1.0	直流正接	100	12		48 56 54	8	—	ER308L
3-2	φ1.0	直流正接	100	14		52 54 55	8	—	ER308L
3-3	φ1.0	直流正接	100	13		43 48 52	8	—	ER308L
4-1	φ1.0	直流正接	105	12		42 44 42	8	—	ER308L
4-2	φ1.0	直流正接	105	12		32 38 41	8	—	ER308L
4-3	φ1.0	直流正接	105	12		48 56 54	8	—	ER308L
4-4	φ1.0	直流正接	105	12		52 54 55	8	—	ER308L

参考焊工(签字):李××   监考人(签字):监考一号

试件的根部焊道和表面焊道上至少应该有一次收弧和再起弧,并在检查长度上做出标记,以供检查。

八、焊后检查

(一)试件的检验项目、检查数量和试样数量

焊工技能考试试件的检验项目、检查数量和试样数量见表 5 - 3。

表 5 - 3　试件检验项目、检查数量和试样数量

试件形式	试件厚度 /mm	检验项目				
		外观检验 /件	射线检验 /件	冷弯试验/个		
				面弯	背弯	侧弯
板对接坡口焊缝试件	<12	1	1	1	1	-

注:表中外观检验试件数量即考试试件数量。

(二)外观检查

1. HAF603 不允许缺陷

焊缝表面应保持原始状态,不得有任何修磨及补焊。焊缝表面不应有裂纹、未熔合、夹渣、气孔、焊瘤、未焊透等缺陷。

2. 焊缝外观检查

如表 5 - 4 所示,试件按 HAF603 附件 3 中的有关条款做外观尺寸检查。

表 5 - 4　焊缝外观检查表

余高 /mm	余高差 /mm	比坡口每侧增宽 /mm	宽度差 /mm	焊缝边缘直线度 /mm	变形角度 θ/(°)	错边量 /mm
0～4.0	≤3	0.5～2.5	≤3	≤2	≤3	≤0.5

3. 咬边和背面凹坑检查

如表 5 -5 所示,咬边深度≤0.5 mm,累计咬边总长度≤26 mm。背面凹坑深度≤0.75 mm,累计背面凹坑总长度≤26 mm。

表 5 -5　手工焊焊缝表面咬边和背面凹坑

缺陷名称	允许的最大尺寸
咬边	深度≤0.5 mm;焊缝两侧咬边总长度不得超过焊缝长度的10%
背面凹坑	当 T≤6 mm 时,深度≤15% T,且≤0.5 mm;当 T>6 mm 时,深度≤10% T,且≤1.5 mm。除仰焊位置的板材试件不做规定外,总长度不超过焊缝长度的10%

4. 焊缝边缘直线度≤2 mm

（1）板状试件焊后变形角度 $\theta \leqslant 3°$，试件的错边量不得大于 $10\% T$，且 $\leqslant 2$ mm。

（2）属于一个考试项目的所有试件外观检验的结果均符合以上各项要求，该项试件的外观检验为合格，否则为不合格。

5. 民用核安全设备焊工项目考试外观检验报告

HAF603 – HWS004 项目考试的外观检验报告表格式见表 5 – 6。

表 5 – 6　HAF603 – HWS004 项目考试的外观检验报告

报告编号：WG（NS）– 11 – 焊考 – × × ×

实施计划编号	× × × – 11 – × × – × ×	焊工项目考试编号（试件编号）		096 – 考号
焊工姓名	李 × ×	依据标准		HAF603 – 2008
焊接方法	HWS	母材牌号和规格		0Cr18Ni9 300 mm × 125 mm × 5 mm
试件形式	板对接	焊接位置		PC
原始状态		原始		
焊缝余高		裂纹		咬边
1.5 ~ 2.0 mm		无		$h \leqslant 0.5$ mm; $L = 18$ mm
焊缝余高差		未熔合		背面凹坑
0.5 mm		无		无
比坡口每侧增宽		夹渣		变形角度
1.5 ~ 2.0 mm 1.0 ~ 1.5 mm		无		1°
宽度差		气孔		错边量
1.5 mm（26 ~ 27.5 mm）		无		0.5 mm
焊缝边缘直线度		焊瘤		角焊缝凹凸度
0.5 mm		无		—
背面焊缝余高		未焊透		焊脚尺寸
2.0 mm		无		—
堆焊焊道高度差		堆焊凹下量		通球检验
—		—		—
堆焊焊道平面度				
—				
外观检验结果（合格、不合格）		合格	检验日期	× × × ×. × ×. × ×
检验人员		罗 ×	证书号	× × × ×
复审人员		吴 × ×	证书号	× × × ×

（三）无损检验

试件按 HAF603 附件 2 中的 2.3 条款做射线探伤,试件的无损检验应符合民用核安全设备产品一级焊缝的检验要求。

（四）弯曲试验

试件按 HAF603 附件 2 中的表 1 和 2.4 条款做 1 个面弯和 1 个背弯。

（1）弯曲试样应从无损检验中发现的缺陷最多的区域切取,板状试件可按图 5 – 10 的位置截取弯曲试样,面弯和背弯试样的拉伸面应平齐,且保留焊缝两侧中至少一侧的母材原始表面。

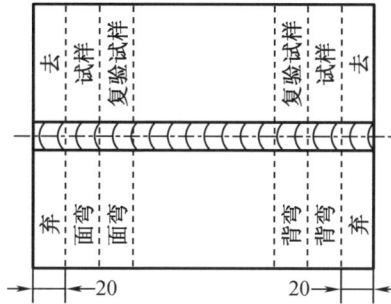

图 5 – 10　弯曲试样截取示意图(尺寸单位:mm)

（2）做面弯、背弯或者侧弯试验时,对于延伸率 $A \geqslant 20\%$ 的母材,弯头(或内辊)直径应为 $4T$,弯曲角度应为 $180°$。而延伸率 $A < 20\%$ 的母材,应采用下列公式: $D_0 = (100S_1/A) - S_1$,其中 D_0 为弯头或内辊的直径, S_1 为弯曲试样厚度, A 为母材标准要求的最低延伸率。

面弯、背弯试样如图 5 – 11 和图 5 – 12 所示。

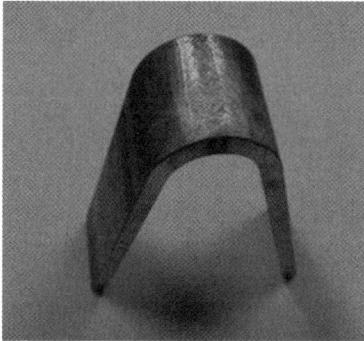

图 5 – 11　面弯试样实物照片

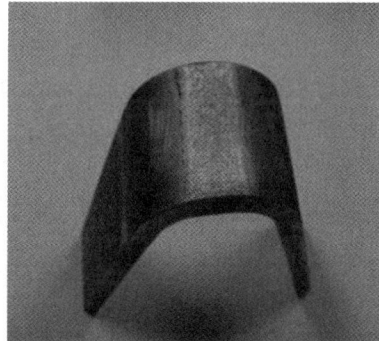

图 5 – 12　背弯试样实物照片

九、结束语

HAF603 – HWS004 项目是民用核安全设备焊接的一个难关,掌握该操作技术非常重要。在焊接过程中应注意焊接电流、焊接速度、焊条角度、焊道的排列、层间温度、焊缝厚度、焊缝清洁度、打磨工具等,操作者应具有强烈的工作责任心和质量意识,才能焊接出优质的产品。

HAF603 – HWS004 项目的焊接适用范围,见表 5 – 7。

表 5 – 7　HAF603 – HWS004 项目的焊接适用范围

聘用单位名称			项目代号编号	H – ×××– 99
焊工项目考试 合格项目代号		HWS P GW Ⅵ 02 t5 PC ss nb		
变素	代号	含义	适用范围	
焊接方法	HWS	手工钨极惰性气体保护焊	手工钨极惰性气体保护焊	
试件形式	P	板 – 板接头	P 接头 管外径:$D \geqslant 150$ mm 的 T 接头	
焊缝形式	GW	P 接头的 对接焊缝	GW 焊缝 FW 焊缝	
母材类别	Ⅵ	奥氏体不锈钢	Ⅵ	
焊接材料	02	实心焊丝	01 或 02 均可	
焊缝金属厚度	t5	焊缝金属厚度:5 mm	焊缝金属厚度:3 ~ 10 mm	
焊接位置	PC	横焊	PA、PB、PC	
焊接要素	ss nb	单面焊 无衬垫	单面焊或双面焊 带衬垫或不带衬垫	
专用焊工项目考试工艺评定编号			—	
Y 类专项考试焊机型号			—	
Z 类专项考试举例名称			—	

第二节　奥氏体不锈钢管对接水平固定
手工钨极惰性气体保护焊

　　本节根据 HAF603 法规,按奥氏体不锈钢管对接水平固定手工钨极惰性气体保护焊技能操作项目的要点简介、焊接工艺规程、常见焊接缺陷及产生原因、焊前准备、焊接操作、焊后检查、焊后检验等方面进行了讲解。

　　为了叙述方便,HAF603 项目代号为 HWS T GW Ⅵ 02 t7 D159 PF ss nb 的奥氏体不锈钢管对接水平固定手工钨极惰性气体保护焊以下均称为"HAF603 – HWS008"。

一、本项目要点简介

　　奥氏体不锈钢是指在常温下具有奥氏体组织的不锈钢,钢中含 Cr 约 18%、含 Ni 8% ~ 10%、含 C 约 0.1% 时,具有稳定的奥氏体组织。奥氏体铬镍不锈钢包括著名的 18Cr – 8Ni 钢和在此基础上增加 Cr、Ni 含量并加入 Mo、Cu、Si、Nb、Ti 等元素发展起来的高 Cr – Ni 系列钢。奥氏体不锈钢强度较低,不可能通过相变使之强化,仅能通过冷加工进行强化,如加入 S、Ca、Se、Te 等元素,则具有良好的易切削性。

HAF603 – HWS008 项目所用钢材为 X2CrNi18 – 9 或等效材料,这类钢材是奥氏体。奥氏体不锈钢是非磁性的,或在退火状态时有很小的磁性,它具有非常好的塑性和韧性,同时具有很好的低温特性、高温强度及耐腐蚀性能,只要采取合适的工艺,易加工,且这类钢还具有良好的焊接性能。

（一）适用范围

本教案适用于核电奥氏体不锈钢管状水平固定焊的技能培训,也可作为核电技能教师在培训学员时的教学方案。

（二）教案编写依据

（1）《民用核安全设备焊工焊接操作工资格管理规定》（HAF603）2008 年版。

（2）奥氏体不锈钢管状水平固定焊接工艺规程,编号:GC – 10 – 335。

（3）适用性文件《预热、层温、后热和焊后热处理总要求》《对焊接操作的附加要求》和《焊接的总要求》。

（三）要点简介

（1）手工钨极惰性气体保护焊是焊接奥氏体不锈钢的传统焊接方法,具有灵活、不受焊接位置限制、焊缝成形美观、不会产生飞溅等优点,其缺点是熔深浅,熔敷速度小,生产率较低,钨极承载电流的能力较差,过大的电流会引起钨极融化和蒸发,其微粒有可能进入熔池,造成污染（夹钨）,氩气较贵,生产成本较高。

（2）焊接主要防气孔、夹渣、咬边、未熔合、热裂纹。

①内充氩,V 形坡口,采用控制层间温度的四层焊法（打底一层,填充两层,盖面一层）。

②做好"三磨",即焊道接头、焊道与焊道、各焊层之间,在焊接前应进行表面打磨,使金属表面干净,露出光泽,无任何缺陷。

③严格控制热输入和道间温度。

（3）注意要点:

打底:为防止焊缝表面氧化,焊接过程中焊缝背面必须吹送保护气体。

填充:两侧棱边不能烧损,保持原始状态,且最后填充层形状略呈凹形为最好,然后进行盖面层焊接。

盖面:需注意焊接规范参数的调节,焊枪横向摆动幅度不要太大,焊枪摆动到一侧棱边处稍做停顿,将填充焊丝和棱边熔化,焊接速度稍慢,保证管子棱边熔合好。

二、HAF603 – HWS008 焊接工艺规程

HAF603 – HWS008 项目的焊接工艺规程见表 5 – 8。

表 5 – 8 HAF603 – HWS008 项目的焊接工艺规程

编号:GC – 10 – 335   Rev. A

技能考试项目代号	HWS T GW Ⅵ 02 t7 D159 PF ss nb		
工艺评定报告编号/ 依据标准/有效期	×××/WTC – PQR××× HAF603 2008/长期有效	自动化程度/稳压 系统/自动跟踪系统	手工焊

焊接接头		焊接接头简图(有衬垫的应标明衬垫的形式和截面尺寸):
坡口形式	V 形	
衬垫(材料)	—	
焊缝金属厚度	7 mm	
管子直径	159 mm	
其他	坡口角度70°,装配间隙0～3 mm,钝边0～2 mm	

母材		填充金属	
类别号	Ⅵ	焊材类型 (焊条、焊丝、焊带等)	焊丝
牌号	0Cr18Ni9 或等效材料	焊材型(牌)号/规格	ER 308L / φ2.4 mm
规格	φ159×7 mm L = 125 min 数量:2 根	焊剂型(牌)号	—

焊接位置		保护气体类型/混合比/流量	
焊接位置	水平固定(PF)	正面	Ar 99.995% 6～12 L/min
焊接方向	立向上	背面	Ar 99.995% 6～10 L/min
其他	—	尾部	

预热和层间温度		焊后热处理	
最低预热温度	5 ℃	温度范围	—
最高层间温度	250 ℃	保温时间	—
预热方式	天然气火炬加热	其他	

焊接技术			
最大热输入	—		
喷嘴尺寸	—	导电嘴与工件距离	—
清根方法	—	焊缝层数范围	4～6 层
钨极类型/尺寸	WCe – 20 φ2.5 mm	熔滴过渡方式	—
直向焊、摆动焊及摆动方法		多道摆动焊	
背面、打底及中间焊道清理方法		刷理或打磨	

表 5 - 8(续)

焊接参数							
焊层	焊接方法	焊材		焊接电流		电压范围/V	焊接速度/(cm·min⁻¹)
		型(牌)号	规格/mm	极性	范围/A		
定位焊	HWS	ER 308L	φ2.4	直流正接	65 ~ 120	12 ~ 16	—
序号1(打底焊)	HWS	ER 308L	φ2.4	直流正接	65 ~ 120	12 ~ 16	
序号2(填充焊)	HWS	ER 308L	φ2.4	直流正接	65 ~ 120	12 ~ 16	
序号3(盖面焊)	HWS	ER 308L	φ2.4	直流正接	65 ~ 120	12 ~ 16	

工艺说明	施焊操作要领
工艺说明: (1)本规程根据《民用核安全设备焊工焊接操作工资格管理规定》(HAF603)编制; (2)操作考试前,应当在主考人、监考人与焊工共同在场确认的情况下,在试件上标注焊工项目考试编号; (3)焊工考试中采用手工氩弧焊共焊1对管子; (4)焊接完成后,试件按 HAF603 附件2中的表1和2.2条款做外观检验; (5)试件按 HAF603 附件2中的表1和2.3条款作射线探伤; (6)试件按 HAF603 附件2中的表1和2.4条款做1个面弯和1个背弯	操作要领: (1)操作考试前,参考焊工应将坡口表面及两侧25 mm范围内清理干净,去除铁屑、氧化皮、油、锈和污垢等杂物; (2)焊前标明焊接位置的钟点位置,定位焊缝不得放在六点处,考试中从六点位置起弧; (3)第一层焊缝中至少应当有一个停弧再焊接头; (4)焊缝表面最后一层应保持原始状态,不允许修磨和返修

编制		审核		批准	
日期		日期		日期	
编制单位名称					

三、常见焊接缺陷及产生原因

(一)常见焊接缺陷

手工钨极惰性气体保护焊的焊工在操作过程中,于焊枪角度和电弧长度的稳定性等因素掌握不好将出现焊瘤、未焊透、背面焊缝严重氧化、气孔、夹钨、咬边、内凹和未熔合等焊接缺陷。

(二)常见焊接缺陷产生的原因

1. 背面焊瘤和未焊透

焊接电流、根部间隙和熔孔过大,焊接电弧在局部停留时间过长,均易产生焊瘤。反之,则易产生未焊透。

2. 背面焊缝严重氧化

焊接高合金钢或奥氏体不锈钢时,为防止氧化,试件背面要充氩保护,若背面焊缝充氩保护装置未能起到良好保护作用或者在施焊过程中热输入较大,焊缝背面都将产生氧化。

3. 气孔

(1)气路有泄漏,氩气流量过大或过小,不符合工艺规范所要求的流量;

(2)钨极伸出长度过长,喷嘴直径过小;

(3)施焊的周围有强空气气流流动,影响了电弧稳定燃烧和氩气的保护作用;

(4)施焊过程中,焊枪运作不规范,电弧忽长忽短或焊枪角度不正确等。

4. 夹渣与夹钨

(1)未能彻底清除前道焊缝表面的熔渣,施焊过程中由于操作方法不当,焊道与坡口两侧交接处有沟槽;

(2)收弧时,焊丝端头在高温的熔池状态下,快速脱离氩气保护区,在空气中被氧化,焊丝端头颜色变黑,焊丝表面产生氧化物,当再次焊接时,被氧化的焊丝端头未经清理,又送入熔池中,氧化物的凝固速度快,未完全从熔池中脱出,试管在做断口试验时被判为夹渣;

(3)钨极长度伸出量过大,焊枪操作不稳定,钨极与焊丝或钨极与熔池相碰后,焊工又未能立即终止焊接及时清理钨粒,从而造成夹钨。

5. 咬边

焊接时,焊枪移动不平稳,电弧过长。焊枪作锯齿形摆动时,坡口面两边停留时间短而且未能保证供给一定的送丝量。

6. 弧坑裂纹

收弧时,熔池体积较大、温度高,冷却速度快。

7. 内凹

(1)装配根部间隙较小,施焊过程中焊枪摆动幅度过大,致使电弧热量不能集中于根部,产生了背面焊缝低于试件表面的内凹缺陷。

(2)送丝时,未能对准熔孔部位进行正确的"点－送"操作程序。

8. 未熔合

(1)焊接电流过小,焊枪角度不正确。

(2)立位焊接时,焊枪横向摆动到坡口边缘时,未做必要的停留,以及节点的根部间隙过大等,如图5-13所示。

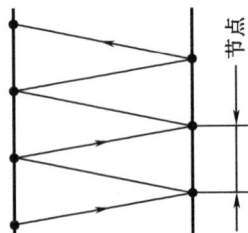

图5-13 节点示意图

四、焊前准备

(一)试件

1. 材质:X2CrNi18 – 9

规格:$\phi159 \times 7$ mm　$L = 150$ mm　2件

2. 试件清理

必须去除表面氧化物,油,锈等,并且不得存在任何氧化痕迹,试管坡口表面打磨长度10 ~ 50 mm、试管内壁用砂布打磨,直至露出金属光泽。清理好后装配,打上考试项目试件编号。

3. 将试管放置水平固定焊位置,把试管放在焊接工装夹具上固定好。

4. 焊接材料

牌号:ER308L　　规格:$\phi2.4$ mm

(二)工具

钳式电流电压表、数字型接触式测温仪、电动角向磨光机、头戴式面罩、钨极磨削机、氩气表、砂轮片、钢丝刷。

(三)防护

操作人员应穿戴工作服、工作帽、劳保鞋、口罩、耳塞、手套、防护眼镜、面罩。

(四)焊接设备已检标志及焊接工装夹具的检查

(1)启动焊机前,检查各处的接线是否正确、牢固可靠。电流表和电压表应在有效期内。

(2)焊机运行检查、极性检查、辅助按钮以及工装夹具是否可以正常使用、工装夹具扳手是否齐全。

(3)选用直流焊机,接法为直流正接(即工件接正)。

(4)按焊接工艺规程调试焊接电流并用钳型电流电压表,检查焊接参数是否在规定的适用范围内。

(五)文件准备

焊前需准备焊接用工艺规程、流转卡、质量计划、适用性文件和监考记录表。

五、焊接操作

(一)装配与定位

为了防止焊接时焊件受热膨胀引起变形,必须保证定位焊缝的长度。定位焊缝将是焊缝的一部分,必须焊牢,不允许有缺陷。首先在定位焊之前用砂轮片打磨试板的钝边,钝边取 0 ~ 2 mm,装配间隙 3 ~ 3.5 mm,使两管件处于相对的平行尽量减少错边,这样可防止坡口被烧穿,定位焊所使用的焊丝和正式焊接时所使用的焊丝相同。分别在管件 12 点钟进行定位焊,长度不小于 20 mm,必须焊接牢固,防止开裂。

装配好后将试板放置于水平位置。

装配及坡口示意图如图 5 – 14 和图 5 – 15 所示。

（二）打底层焊接操作要领

1. 背面送气

为防止焊缝背面氧化,焊接过程中焊缝背面必须吹送保护气体。可在引弧前,提前30 s通入氩气,气体流量3 ~ 6 L/min。焊接时的气体流量该为6 ~ 10 L/min。

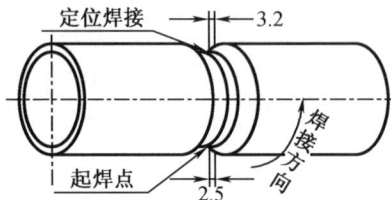

图 5 - 14　装配示意图(尺寸单位:mm)　　　　图 5 - 15　坡口示意图(尺寸单位:mm)

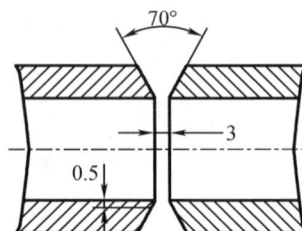

2. 相对位置

焊接打底层要严格控制钨极、喷嘴与焊缝的位置,即钨极应垂直于管子的轴线,喷嘴至两管的距离要相等。如图 5 - 16 所示。采用小的焊接热输入,快速小摆动,严格控制层温不大于 100 ℃。

3. 引弧

起焊点如图 5 - 17 所示,在仰焊部位时钟 6 点钟处,焊前用右手的前三个手指握住焊枪,以无名指和小指支撑在管外壁上,作为支点。在未戴面罩的情况下,将钨极端部对准坡口根部待引弧的起焊点,然后戴上面罩,手腕轻轻地下压,使钨极端部逐渐接近母材约 2 mm时,按下焊枪上的电源开关,利用高频高压装置引燃电弧。引燃电弧后,控制弧长为 2 ~ 3 mm,焊枪暂留在引弧处不动,待坡口根部两侧加热 2 ~ 3 s 并获得一定大小的明亮清晰的熔池后,才可往熔池填送焊丝焊接。

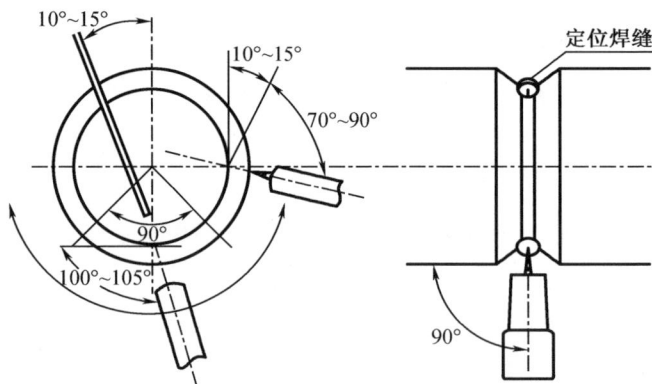

图 5 - 16　内填丝法示意图　　　　　　图 5 - 17　起焊点示意图

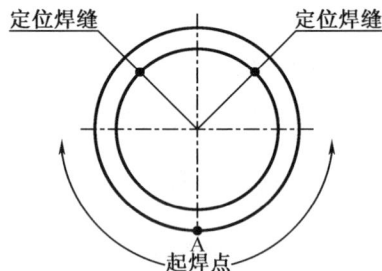

4. 打底焊操作要点

焊接时如图 5 - 16 所示,在仰焊位置区域用左手内填丝法,焊丝通过两管的间隙送入熔池前方,焊丝沿内部坡口的根部上方送到熔池后,要轻轻地将焊丝向熔池里推进,并向管内坡口根部摆动,使熔化金属送至坡口根部,以便得到能熔透正、反面且成形十分良好的焊缝。

在焊接过程中,采取电弧交替加热坡口根部和焊丝端头的操作方法。应随时观察和控制坡口两侧熔透均匀,以保证管内壁成形良好。在填丝的同时,焊枪逆时针方向匀速向上移动。当焊至定位焊缝斜坡处时,应减薄填充金属量,使焊缝与接头圆滑过渡,焊至定位焊缝,不填丝,自熔摆动通过,焊至定位焊缝另一斜坡处时也应减薄填充金属量使焊缝扁平,以便后半圈接头平缓。

5. 收弧

右半圈通过 12 点焊至 11 点收弧。收弧时,应连续送进 2~3 滴填充金属,以免出现缩孔,并且将焊丝抽离电弧区,但不要脱离保护区,然后切断控制开关。这时焊接电流逐渐衰减,熔池也相应减小,当电弧熄灭后,延时切断氩气,焊枪移开,然后用角向砂轮将收弧处的焊缝金属磨掉一些并呈斜坡状,以消除仍然可能存在的缩孔。

6. 焊道接头

水平固定大管子焊完右半圈一侧后,转到管子的另一侧位置,焊接左半圈。起焊点应在 5 点处,以保证焊缝重叠 10~15 mm。焊接方式同右半圈,用左手外填丝法,焊丝与通过熔池的切线成 15°送入熔池前方,焊丝沿坡口的上方送到熔池后,要轻轻地将焊丝向熔池里推一下,并向管内摆动,使熔化金属送至坡口根部,以便得到能熔透坡口正反面的焊缝,从而能提高焊缝背面高度,避免凹坑和未焊透。按顺时针方向通过 11 点焊至 12 点收弧,焊接结束时,应与右半圈焊缝重叠 10~15 mm,焊层的熔敷厚度为 2~2.5 mm。

(三)填充焊操作要领

焊前应将打底层和填充层的焊道接头起焊处如同动物小尾巴形状的焊缝形打磨掉,将焊趾两侧熔渣清理干净,整条焊缝打磨平整。用测温仪检查层温降至 100 ℃以下后,采用多层多道焊进行填充。用左手送进焊丝,焊丝与通过熔池的切线成 15°送入熔池前方,采取电弧交替加热打底层及焊丝端头的操作方法。

焊枪摆动幅度应稍小,注意棱边不能烧坏,焊枪与试管切线成 75~85°,夹角过大会降低氩气的保护效果。焊丝与焊枪的夹角一般为 90°,焊接过程中应注意观察和控制坡口两侧熔透均匀,在填丝的同时,焊枪逆时针方向匀速向上移动,焊层的熔敷厚度为 2~3.5 mm。最后一条填充焊道焊完后,焊缝表面留 0.5~1 mm 深,两侧棱边不能烧损,保持原始形态且最后填充层形状略呈凹形为最好,然后进行盖面层焊接。

(四)盖面焊操作要领

焊前应将填充层的焊道接头起焊处如同动物小尾巴形状的焊缝打磨掉,将焊趾两侧熔渣清理干净,且整条焊缝打磨平整。焊层温度应控制在 60 ℃以下为最好,焊缝呈银白色或金黄色,采用单层多道焊盖面。

焊接时,焊枪横向摆动幅度不要太大,焊枪摆动到一侧棱边处稍做停顿,将填充焊丝和棱边熔化,焊接速度稍慢,保证管子棱边熔合好。再盖第 2 道时,焊缝覆盖面不小于第 1 层的 1/2,焊缝外形尺寸应控制每侧增宽 0.5~1.5 mm,余高为 1~2 mm。

(五)焊道记录图、焊接参数与层温记录表

焊接过程中,焊接参数、层温和焊道分布图应记录到监考记录表上(表 5-9),层间温度测三点。

表 5 – 9　监考记录表

焊工项目考试施焊及监考记录表	施焊及监考记录表编号:JK(NS) – 13 – ××× 考试计划编号:××× – JH – 13 – 10

参考焊工单位	
项目代号	HWS T GW Ⅵ 02 t7 D159 PF ss nb

焊工姓名	李××	工位编号	××× – H – ××
考试用焊接 工艺规程编号	GC – 10 – ××	焊工项目 考试编号	×× – A×××

考试日期	2013.12.21
考试开始时间	09:30
考试终止时间	15:00
考试开始时间	
考试终止时间	

焊道 序号	焊材 规格 /mm	电流极性	电流 /A	电压 /V	焊速/ (mm·min⁻¹)	预热温度或 层间温度/℃	保护气体流量 /(L·min⁻¹) 正面	背面	其他
定位焊	φ2.4	直流正接	95	13		28　28　28	10	9	ER308L
1 – 1	φ2.4	直流正接	95	13		31　31　31	10	9	ER308L
2 – 1	φ2.4	直流正接	100	12		60　59　55	10	—	ER308L
2 – 2	φ2.4	直流正接	100	14		55　50　46	10	—	ER308L
3 – 1	φ2.4	直流正接	100	12		48　56　54	10	—	ER308L
3 – 2	φ2.4	直流正接	102	14		52　54　55	10	—	ER308L
3 – 3	φ2.4	直流正接	102	13		43　48　52	10	—	ER308L
4 – 1	φ2.4	直流正接	105	12		42　44　42	10	—	ER308L
4 – 2	φ2.4	直流正接	105	12		32　38　41	10	—	ER308L

参考焊工(签字):李××	监考人(签字):监考一号

六、焊后检查

(一)试件的检验项目、检查数量和试样数量

焊工技能考试试件的检验项目、检查数量和试样数量见表 5 – 10。

表 5 - 10　试件检验项目、检查数量和试样数量

试件形式	试管规格/mm	检验项目				
		外观检验/件	射线检验/件	冷弯试验/个		
				面弯	背弯	侧弯
管对接坡口焊缝试件	≥76	1	1	2	2	–

注:①表中外观检验试件数量即考试试件数量。

　　②对于 PF、PG、H - L045 及 J - L045 焊接位置,应做两个面弯和背弯试验,当试件厚度大于等于 10 mm 时,可以用 4 个侧弯试样代替面弯和背弯试样。

（二）外观检查

（1）试件的外观检验,采用目视或 5 倍放大镜进行。手工焊的板材试件两端 20 mm 内的缺陷不计,焊缝的余高和宽度可用焊缝检验尺测量最大值和最小值,但不取平均值,单面焊的背面焊缝宽度可不测定。

（2）HAF603 不允许缺陷:焊缝表面应保持原始状态,不得有任何修磨及补焊。焊缝表面不应有裂纹、未熔合、夹渣、气孔、焊瘤、未焊透等缺陷。

（3）如表 5 - 11 所示,试件按 HAF603 附件 3 中的有关条款作外观尺寸检验。

表 5 - 11　焊缝外观检查表

余高/mm	余高差/mm	比坡口每侧增宽/mm	宽度差/mm	焊缝边缘直线度/mm	变形角度 θ/(°)	错边量/mm
0 ~ 4.0	≤3	0.5 ~ 2.5	≤3	≤2	≤3	≤0.7

（4）不带衬垫的外径不小于 76 mm 的管材试件背面焊缝余高应不大于 3 mm。

（5）咬边和背面凹坑检查:如表 5 - 12 和所示,咬边深度≤0.5 mm,累计咬边总长度≤50 mm;背面凹坑深度≤0.7 mm,累计背面凹坑总长度≤50 mm。

表 5 - 12　手工焊焊缝表面咬边和背面凹坑

缺陷名称	允许的最大尺寸
咬边	深度≤0.5 mm;焊缝两侧咬边总长度不得超过焊缝长度的 10%
背面凹坑	当 T≤6 mm 时,深度≤15% T,且≤0.5 mm;当 T>6 mm 时,深度≤10% T,且≤1.5 mm。除仰焊位置的板材试件不做规定外,总长度不超过焊缝长度的 10%

（6）属于一个考试项目的所有试件外观检验的结果均符合上述各项要求,该项试件的外观检验为合格,否则为不合格。

（7）民用核安全设备焊工项目考试外观检验报告

HAF603 - HWS008 项目的外观检验报告见表 5 - 13。

表 5 – 13　HAF603 – HWS008 项目的外观检验报告

报告编号：WG（NS）– 11 – 焊考 – × × ×

实施计划编号	× × × – 11 – × × – × ×	焊工项目考试编号（试件编号）	× × – 考号
焊工姓名	李 × ×	依据标准	HAF603 – 2008
焊接方法	HWS	母材牌号和规格	X2CrNi18 – 9 ϕ159 × 7 mm
试件形式	管对管	焊接位置	PF
原始状态		原始	
焊缝余高		裂纹	咬边
2.0 ~ 2.5 mm		无	$h \leqslant 0.5$ mm；$L = 16$ mm
焊缝余高差		未熔合	背面凹坑
0.5 mm		无	$h = 0.5$ mm；$L = 6$ mm
比坡口每侧增宽		夹渣	变形角度
0.5 ~ 1.0 mm 1.0 ~ 1.5 mm		无	—
宽度差		气孔	错边量
1 mm（16 ~ 17 mm）		无	0.5 mm
焊缝边缘直线度		焊瘤	角焊缝凹凸度
0.5 mm		无	—
背面焊缝余高		未焊透	焊脚尺寸
1.5 mm		无	—
堆焊焊道高度差		堆焊凹下量	通球检验
—		—	—
堆焊焊道平面度			
—			
外观检验结果（合格、不合格）		合格	检验日期	× × × ×．× ×．× ×
检验人员		罗 ×	证书号	× × × ×
复审人员		吴 × ×	证书号	× × × ×

（三）无损检验

试件按 HAF603 附件 2 中的 2.3 条款做射线探伤，试件的无损检验应符合民用核安全设备产品一级焊缝的检验要求。

（四）弯曲试验

试件按表 5 – 10 做 2 个面弯和 2 个背弯。

（1）弯曲试样应从无损检验中发现的缺陷最多的区域切取，管状试件可按图 5 – 18 的位置截取弯曲试样，面弯和背弯试样的拉伸面应平齐，且保留焊缝两侧中至少一侧的母材原始表面。

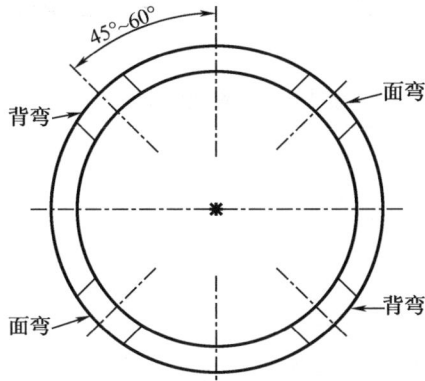

图 5-18　弯曲试样截取示意图

（2）做面、背弯或者侧弯试验时，对于延伸率 $A \geq 20\%$ 的母材，弯头（或内辊）直径应为 $4T$，弯曲角度应为 $180°$。而延伸率 $A < 20\%$ 的母材，应采用下列公式：$D_0 = (100S_1/A) - S_1$。其中 D_0 为弯头或内辊的直径，S_1 为弯曲试样厚度，A 为母材标准要求的最低延伸率。

（3）试样标识如图 5-19 所示。

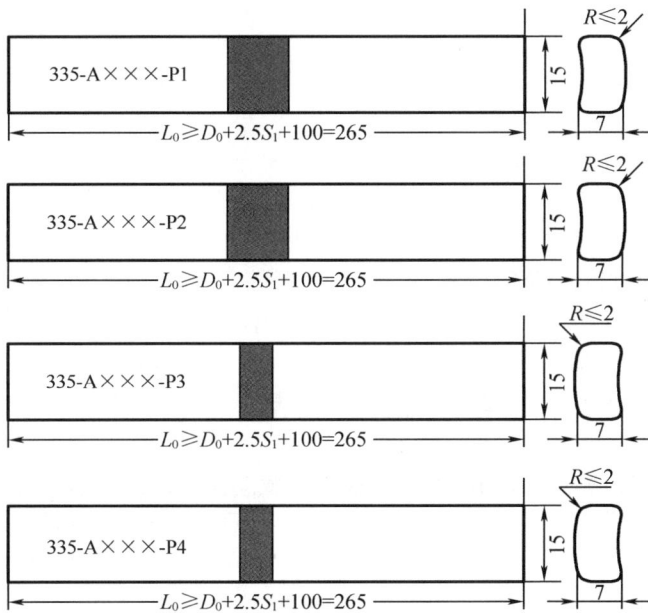

图 5-19　管材试件的面弯和背弯试样标识移植示意图（尺寸单位：mm）

4. 弯曲检验标准

（1）弯曲试验时，应将试样弯到使其两端成平行为止，此时材料的任何部分不再受到压力。

（2）试件弯曲到规定的角度后，其拉伸面上不得有任何一个横向（沿试样宽度方向）裂纹或缺陷的长度不大于 1.5 mm，或纵向（沿试样长度方向）裂纹或缺陷的长度不大于 3 mm。试样的棱角开裂不计，但确因焊接缺陷引起试样的棱角开裂，其长度应进行评定。

（3）试件弯曲试样的试验结果均合格时，弯曲试验为合格。两个以上试样均不合格时，不允许复验，弯曲试验为不合格。若其中一个试样不合格时，允许从原试件上另取一个试样进行复验,复验合格,弯曲试验为合格。

表5-14 弯曲检验报告

<table>
<tr><td rowspan="5">弯曲试验</td><td>试样类型</td><td>试样号</td><td>取样位置</td><td>试样尺寸
(厚 mm × 宽 mm)</td><td>弯曲
角度/(°)</td><td>弯头直径
/mm</td><td>结果</td></tr>
<tr><td>面弯</td><td>335-A×××-P1</td><td>按标准</td><td>15×7</td><td>180</td><td>46</td><td></td></tr>
<tr><td>面弯</td><td>335-A×××-P2</td><td>按标准</td><td>15×7</td><td>180</td><td>46</td><td></td></tr>
<tr><td>背弯</td><td>335-A×××-P3</td><td>按标准</td><td>15×7</td><td>180</td><td>46</td><td></td></tr>
<tr><td>背弯</td><td>335-A×××-P4</td><td>按标准</td><td>15×7</td><td>180</td><td>46</td><td></td></tr>
<tr><td colspan="7">验收标准:试样弯曲后,其拉伸面上不得有任何一个横向(试样宽度方向)裂纹或缺陷的长度大于1.5 mm、纵向(试样长度方向)裂纹或缺陷的长度大于3 mm。对于堆焊试样检验区不应出现明显裂缝,单个裂纹、气孔或夹渣的长度不得大于3 mm</td></tr>
<tr><td colspan="3">试验设备:</td><td colspan="4">设备编号:</td></tr>
<tr><td colspan="3">结论</td><td colspan="4">不符合项报告编号:</td></tr>
<tr><td>试验者</td><td colspan="2">姓名:</td><td colspan="2">日期:</td><td colspan="2">签名:</td></tr>
<tr><td>审核</td><td colspan="2">姓名:</td><td colspan="2">日期:</td><td colspan="2">签名:</td></tr>
<tr><td>批准</td><td colspan="2">姓名:</td><td colspan="2">日期:</td><td colspan="2">签名:</td></tr>
</table>

七、结束语

HAF603-HWS008技能培训项目是民用核安全设备焊工培训、考试和取证基本项目之一,故学习和掌握该项目的操作技术非常重要,对于保证核电设备的焊接质量至关重要。通过长期的培训实践证明,本书所介绍的操作技术不仅方便焊工学习和掌握,焊接质量好,合格率高,而且缩短了培训周期,是一种行之有效地焊接技能操作技术。

HAF603-HWS008项目的焊接适用范围,见表5-15。

表5-15 HAF603-HWS008项目的焊接适用范围

<table>
<tr><td>聘用单位名称</td><td></td><td colspan="2">项目代号编号</td><td>H-×××-150</td></tr>
<tr><td>焊工项目考试
合格项目代号</td><td colspan="4">HWS T GW Ⅵ 02 t7 D159 PF ss nb</td></tr>
<tr><td>变素</td><td>代号</td><td>含义</td><td colspan="2">适用范围</td></tr>
<tr><td>焊接方法</td><td>HWS</td><td>手工钨极惰性气体保护焊</td><td colspan="2">手工钨极惰性气体保护焊</td></tr>
<tr><td rowspan="2">试件形式</td><td rowspan="2">T</td><td rowspan="2">管-管的对接接头</td><td colspan="2">P接头</td></tr>
<tr><td colspan="2">T接头</td></tr>
<tr><td rowspan="2">焊缝形式</td><td rowspan="2">GW</td><td rowspan="2">管-管接头的对接焊缝</td><td colspan="2">GW焊缝</td></tr>
<tr><td colspan="2">FW焊缝</td></tr>
<tr><td>母材类别</td><td>Ⅵ</td><td>奥氏体不锈钢</td><td colspan="2">Ⅵ</td></tr>
</table>

表 5 – 15(续)

焊接材料	02	实心焊丝	01 或 02 均可
焊缝金属厚度	t7	焊缝金属厚度 7 mm	5 ~ 14 mm
管材外径	D159	管外径 159 mm	管外径≥76 mm
焊接位置	PF	立焊	PA、PB、PD、PE、PF
焊接要素	ss nb	单面焊 无衬垫	单面焊或双面焊 带衬垫或无衬垫均可
专用焊工项目考试工艺评定编号		—	
Y 类专项考试焊机型号		—	
Z 类专项考试举例名称		—	

第三节 奥氏体不锈钢骑座式管板试件垂直仰位
手工钨极惰性气体保护焊

本教案对奥氏体不锈钢骑座式管板试件垂直仰位手工钨极惰性气体保护焊技能操作项目的要点简介、焊接工艺规程、焊前准备、焊接操作方法、焊后检查等方面做了较详细的介绍。

为了叙述方便,HAF603 项目考试代号为 HWS P – T GW Ⅵ 02 t3.5 D60 PCss nb + HWS P – T FW Ⅵ 02 T3.5 D60 PD ml 的奥氏体不锈钢骑座式管板试件垂直仰位手工钨极惰性气体保护焊以下均称为"HAF603 – HWS086"。

一、本项目要点简介

(一) 要点简介

骑座式管板试件垂直仰位焊是焊接难度较大的一种焊接位置,其主要原因在于熔池和焊丝熔化的熔滴由于自重下坠,焊缝成形困难,因此在培训过程中要严格控制热输入和冷却速度,焊接电流比立焊时要小,氩气流量要偏大,而焊接速度比垂直俯位和水平固定两个位置都要快,送丝频率加快,但要适当地减少送丝量。其他如引弧、收弧、焊道接头以及焊丝、喷嘴与焊接试件的相对位置还有焊接顺序、焊接层次等要点,均与骑座式管板试件垂直俯位焊时相同。

(二)P – T 接管组合焊缝

HAF603 对开坡口管 – 板、管 – 管接管焊接的焊缝形式,属于角焊缝和坡口焊缝的组合焊缝,如果坡口焊缝项目能覆盖角焊缝项目,只需按坡口焊缝项目给出项目考试代号,否则应按照不同变素代号与变量分别给出。

HAF603 – HWS086(GW/FW 的组合焊缝)项目的焊缝示意图如图 5 – 20 所示,骑座式接管焊缝的熔敷厚度按支管焊缝厚度计算,外径按支管外径。图 5 – 21 显示,骑座式组合焊缝我们可以看成两个考试项目的组合,即坡口焊缝的考试项目加上角焊缝考试项目。

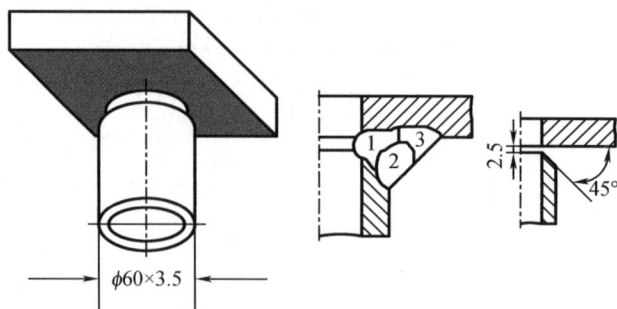

图 5-20　骑座式组合焊缝(尺寸单位:mm)

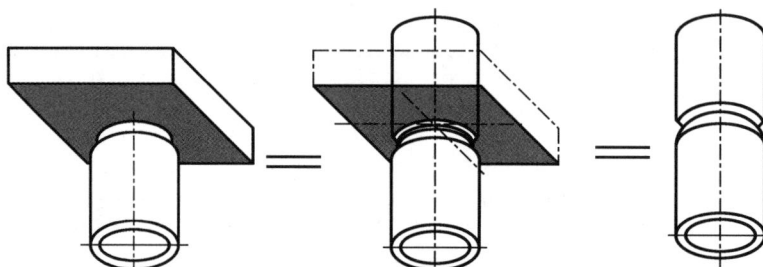

图 5-21　管-管垂直固定对接加障碍的坡口焊缝示意图

(三)焊缝代号填写讨论

如果把组合焊缝填成坡口焊缝,例如图 5-21,考试项目代号填成 HWS P-T GW Ⅵ 02 t3.5 D60 PCss nb。我们可以把它当成管-管垂直固定对接加障碍的焊缝。按此项目没有了角焊缝,操作难度系数减少了,另外适用范围的焊接位置也不可以覆盖。

如果把组合焊缝填成角焊缝考试项目,考试项目代号 HWS P-T FW Ⅵ 02 T3.5 D60 PD ml,为板-管的角焊缝。按此项目没有坡口焊缝,焊接位置 PD 操作难度系数增加了,但适用范围的焊接位置和熔敷厚度都不可以覆盖。

故 HWS086 组合焊缝 GW/FW 两个项目如图 5-22 所示,只能分别填写才更完整。

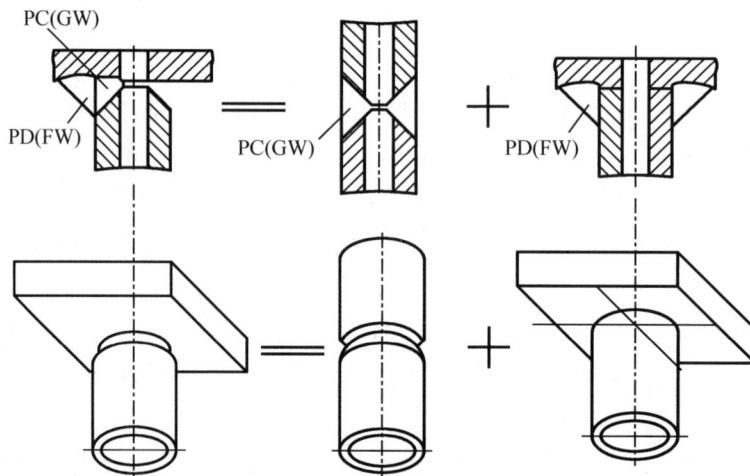

图 5-22　骑座式管板试件垂直仰位焊组合焊缝 GW/FW 两个项图示目

二、HAF603 - HWS086 焊接工艺规程

HAF603 - HWS086 项目的焊接工艺规程见表 5 - 16。

表 5 - 16　HAF603 - HWS086 项目的焊接工艺规程

编号:GC - 13 - 086　版本:B

技能考试项目代号	HWS P - T GW Ⅵ 02 t3.5 D60 PC ss nb + HWS P - T FW Ⅵ 02 T3.5 D60 PD ml			
工艺评定报告编号/ 依据标准/有效期	××××/WTC - PQR××× HAF603 2008/长期有效	自动化程度/稳压 系统/自动跟踪系统		手工焊
焊接接头		焊接接头简图(有衬垫的应标明衬垫的形式和截面尺寸):		
坡口形式	V 形			
衬垫(材料)	—			
焊缝金属厚度	3.5 mm			
管子直径	—			
其他	装配间隙 2 ~ 2.5 mm			
母材		填充金属		
类别号	试板 Ⅰ	焊材类型 (焊条、焊丝、焊带等)		焊丝
牌号	试板:1Cr18Ni9Ti 或等效材料 1Cr18Ni9Ti 或等效材料	焊材型(牌)号/规格		0Cr19Ni9/φ2.5 mm
数量 规格	试板:2 块　200 mm×200 mm×12 mm 试管:2 只　φ60 mm×3.5 mm×125 mm	焊剂型(牌)号		—
焊接位置		保护气体类型/混合比/流量		
焊接位置	仰位(PE/PD)	正面		99.99 % Ar 气体流量(L/min): 8 ~ 12
焊接方向	—	背面		99.99 % Ar 气体流量(L/min): 3 ~ 8
其他	—	尾部		—
预热和层间温度		焊后消除应力热处理		
最低预热温度	5 ℃	温度范围		—
最高层间温度	250 ℃	保温时间		—
后热温度	—	其他		—
焊接技术				
最大热输入				
喷嘴尺寸	10 mm	导电嘴与工件距离		—
清根方法	—	焊缝层数范围		2 ~ 3 层

表 5 - 16（续）

钨极类型/尺寸	W Ce - 20 /ϕ2.5 mm		熔滴过渡方式		—	
直向焊、摆动焊及摆动方法			横向摆动范围不得超过焊芯直径的 5 倍			
背面、打底及中间焊道清理方法			刷理或打磨			

焊接参数

焊层	焊接方法	焊材		焊接电流		电压范围/V	焊接速度/ (cm·min^{-1})
		型(牌)号	规格/mm	极性	范围/A		
定位焊	HWS	0Cr19Ni9	ϕ2.5	直流正接	80 ~ 120	12 ~ 14	—
序号1 (打底焊)	HWS	0Cr19Ni9	ϕ2.5	直流正接	80 ~ 120	12 ~ 16	—
序号2 (盖面焊)	HWS	0Cr19Ni9	ϕ2.5	直流正接	80 ~ 120	12 ~ 16	—

工艺说明	施焊操作要领
工艺说明： (1)本规程根据《民用核安全设备焊工焊接操作工资格管理规定》(HAF603)编制； (2)操作考试前,应当在主考人、监考人与焊工共同在场确认的情况下,在试件上标注焊工项目考试编号； (3)焊接完成后,试件按 HAF603 附件 2 中的 2.2 条款做外观检验； (4)试件无损检验(PT)合格后并出具报告； (5)试样按 HAF603 附件 2 中的 2.5 条款做 4 个金相检查	操作要领： (1)操作考试前,参考焊工应将坡口表面及两侧 25 mm 范围内清理干净,去除铁屑、氧化皮、油、锈和污垢等杂物； (2)每道焊缝焊接前应检查温度； (3)第一层焊缝中至少应当有一个停弧再焊接头； (4)焊缝表面最后一层应保持原始状态,不允许修磨和返修

三、焊前准备

（一）试件

（1）试板材质与规格：

试板：数量 2 块　　规格：200 mm × 200 mm × 12 mm　　材质：1Cr18Ni9Ti 或等效材料

试管：数量 2 只　　规格：ϕ60 mm × 3.5 mm　　$L = 125$ mm　　材质：1Cr18Ni9Ti 或等效材料

（2）试件清理：必须去除表面氧化物、油、锈等,并且不得存在任何氧化痕迹,试管坡口表面打磨长度 10 ~ 50 mm,试管内壁用砂布打磨,砂出金属光泽。

（3）骑座式管板试件装配如图 5 - 23 所示,装配合格后打上考试试件编号。

（4）将试管放置水平固定焊位置,把管 - 板试件放在焊接工装夹具上固定好。

（5）焊接材料。

牌号：0Cr19Ni9　　规格：ϕ2.5 mm

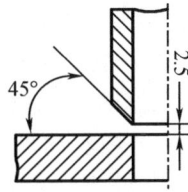

图 5 - 23 管板试件装配示意(尺寸单位:mm)

（二）工具

钳式电流电压表、数字型接触式测温仪、电动角向磨光机、头戴式面罩、钨极磨削机、氩气表、砂轮片、钢丝刷。

（三）防护

操作人员应穿戴工作服、工作帽、劳保鞋、口罩、耳塞、手套、防护眼镜、面罩。

（四）焊接设备已检标志及焊接工装夹具的检查

(1)启动焊机前,检查各处的接线是否正确、牢固可靠,电流表和电压表应在有效期内。

(2)检查工装夹具是否齐全、可正常使用。

(3)选用直流焊机,接法为直流正接(即工件接正)。

(4)按焊接工艺规程调试焊接电流,并用钳型电流电压表检查焊接参数是否在规定的范围内,钳形电流电压表应经过检定并在有效期内。

（五）文件准备

焊前需准备焊接用工艺规程、流转卡、质量计划、适用性文件和监考记录表。

四、焊接操作

（一）打底焊

(1)HAF603 - HWS086 采用试管内通氩气、外填丝左向焊法,持枪方法以及焊枪角度与填丝的相对位置如图 5 - 24 所示。

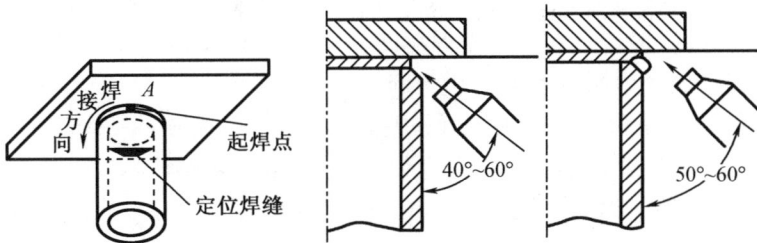

图 5 - 24 仰角打底层焊接示意图

(2)将试件固定于垂直仰位处,定位焊缝在左侧,起弧点在右侧的板孔棱边处,引燃电弧,先不加焊丝,待根部板孔棱边熔化形成熔池后,将焊丝送至根部,此时焊接电弧稍向下移,完成搭桥。操作中,焊丝始终要送到熔池前方的熔孔处并在根部稍做推送动作。焊接时电弧尽可能地短些,熔池要小,但要保证管板和管子坡口面熔合好,根据熔孔和熔池表面情况调整焊枪角度和焊接速度。

（3）采用断续送丝，背面焊缝的质量与送入焊丝的准确程度有很大的关系。为保证背面焊缝成形饱满，左手握焊丝贴着坡口均匀有节奏送进。在送丝过程中，当焊丝端部进入熔池时，应将焊丝端头轻轻挑向坡口根部，这时电弧已把焊丝端部熔化，接着开始第二个送丝程序的动作，直至焊完打底层焊缝。至于焊丝向坡口根部挑多大的距离，视背面焊缝的余高而定，若向坡口根部挑的过猛，会使背面焊缝余高过分突出，一般背面焊缝的余高以 0.5~2 mm 为宜。

（4）当焊至定位焊缝打磨过的弧坑处时，要提高焊枪高度，拉长电弧，加快焊速，使钨极垂直焊件，对定位焊缝处进行加热，重叠处少加或不加焊丝，焊缝的宽窄高低应一致，保证此处的焊道接头熔合良好；控制热量偏重在板侧，即板孔棱边处的熔孔应超过管子侧坡口根部 0.5 mm，否则背面焊道太宽太高。

（5）在打底焊的过程中要注意观察熔池状况和熔孔大小，当焊枪均匀移动通过时，必须将焊趾处充分地熔合。熔孔应深入母材 0.5 mm 左右，熔池铁水应清晰明亮。为了保证根部熔透，应压低电弧操作。

（6）收弧时，应在熔池前方做一熔孔，在管座上给几滴铁水，使熔池缓冷，然后将焊丝抽离电弧区，但不要脱离氩气保护区，同时切断控制开关，这时焊接电流衰减。当电弧熄灭后，延时切断氩气时，焊枪才能移开。

（7）焊完打底层焊缝后，需用角向砂轮清理焊趾处的氧化物，然后进行盖面层的焊接。打底焊道的熔敷厚度约为 2 mm。

（二）盖面焊

（1）焊接方向仍自右向左进行施焊。焊丝、焊枪与试件的夹角与打底焊相同，如图 5-25 所示，盖面层有两条焊道，先焊下焊道，后焊上焊道。

（2）奥氏体不锈钢规程限定层温不大于 250 ℃，根据实际经验和控制热输入，建议层温不大于 60 ℃，若层温过高，焊缝会变黑，当规范选择适当时，焊缝表面呈银白色或金黄色。

（3）当焊下面的焊道（序号2）时，如图 5-25 所示，电弧对准打底焊道下沿，焊枪小幅度做锯齿形摆动，熔池下沿超过管子坡口棱边 1~1.5 mm 处，熔池的上沿在打底焊道的 1/2~2/3 处。盖面层第一道焊缝应保证焊脚宽度达到 5~6 mm。

（4）焊上焊道（序号3）时，电弧以打底焊道上沿为中心，焊枪做小幅度摆动，使熔池将管板和下面的焊道圆滑地连接在一起。焊缝凹度应为 0.5~1.5 mm，焊脚应在 5~6 mm 的范围内，并注意焊趾处咬边深度不大于 0.5 mm。

（5）盖面焊接时应注意焊道接头错开，焊接电流与打底层相同，焊接速度要适当加快，送丝的频率也要加快，但要适当地减少送丝量，其余均与打底层焊相同。

（6）整条焊缝呈凹形圆滑过渡，焊缝厚度为 3.5~4 mm。

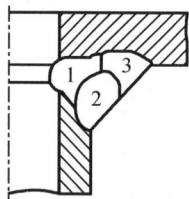

图 5-25　盖面层焊接示意图

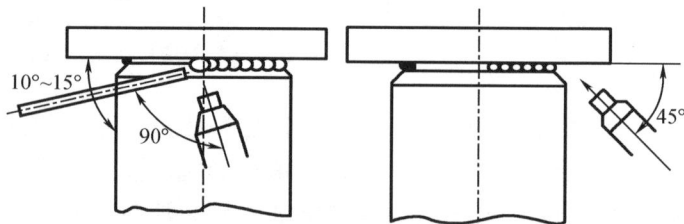

图 5-26　仰角盖面层焊接示意图

（三）监考记录

为了更好地总结经验，我们采用了填写监考记录表的形式来记录每一条焊缝的工艺规范参数。HAF603 - HWS086 的监考记录见表 5 - 17。

表 5 - 17　监考记录表

焊工项目考试施焊及监考记录表	施焊及监考记录表编号:JK(NS) - 11 - × × ×
	考试计划编号：× × × - JH - 11 - × ×

参考焊工单位									
项目代号	HWS P - T GW Ⅵ 02 t3.5 D60 PCss nb HWS P - T FW Ⅵ 02 T3.5 D60 PD ml								
焊工姓名	王× ×			工位编号			× × × - H - 12		
考试用焊接 工艺规程编号	GC - 13 - 086			焊工项目 考试编号			086 - A × × ×		
考试日期	2012.2.21								
考试开始时间	8:30								
考试终止时间	10:00								
考试开始时间									
考试终止时间									

焊道示意图：

焊道序号	焊材规格/mm	电流极性	电流/A	电压/V	焊速/(mm · min⁻¹)	预热温度或层间温度/℃	保护气体流量/(L · min⁻¹)		其他
							正面	背面	
定位焊	φ2.5	直流正接	95	13		28　28　28	10	8	0Cr19Ni9
1	φ2.5	直流正接	95	13		30　30　30	10	8	0Cr19Ni9
2	φ2.5	直流正接	100	14		42　42　47	—	—	0Cr19Ni9
3	φ2.5	直流正接	100	14		46　46　42	—	—	0Cr19Ni9

参考焊工(签字):王× ×　　　　　　　　　　　　　　　监考人(签字):监考一号

五、焊后检查

（一）试件的检验项目、检查数量和试样数量

焊工技能考试试件的检验项目、检查数量和试样数量见表 5 - 18，每个试件应先进行外观检验，合格后再进行其他项目检验。

表 5 – 18　试件检验项目、检查数量和试样数量

试件形式	检验项目		
	外观检验/件	射线检验/件	宏观金相检验/个
坡口焊缝试件板与管	2	1(PT)	4

注:①表中外观检验试件数量即考试试件数量。

　　②当不能经无损检验做内部缺陷检验时,必须做金相检验;沿焊道在 4 个 90°横截面上分别取金相试样。

　　③任一试件取 4 个检查面。

（二）焊缝外观检验

按《民用核安全设备焊工焊接操作工资格管理规定》（HAF603）附件 2 中的 2.2 条款进行外观检验,具体内容如下:

（1）试件的外观检验,采用目视或 5 倍放大镜进行。手工焊的板材试件两端 20 mm 内的缺陷不计,焊缝的余高和宽度可用焊缝检验尺测量最大值和最小值,但不取平均值,单面焊的背面焊缝宽度可不测定。

（2）试件焊缝的外观检验应符合下列要求:

①焊缝表面应是焊后原始状态,不允许加工修磨或返修。

②板材、管板或接管角焊缝凸度或凹度应不大于 1.5 mm;板材、管板或接管角焊缝的焊脚尺寸 K 为 $T + (0 \sim 3)$ mm（T 为板或管壁厚）。

（3）各种焊缝表面不得有裂纹、未熔合、夹渣、气孔、焊瘤和未焊透,手工焊焊缝表面的咬边和背面凹坑不得超过表 5 – 19 的规定。

表 5 – 19　手工焊焊缝表面咬边

缺陷名称	允许的最大尺寸
咬边	深度≤0.5 mm;焊缝两侧咬边总长度不得超过焊缝长度的 10%
背面凹坑	当 T≤6 mm 时,深度≤15% T,且≤0.5 mm;当 T > 6 mm 时,深度≤10% T,且≤1.5 mm。除仰焊位置的板材试件不做规定外,总长度不超过焊缝长度的 10%

HAF603 – HWS086 项目的外观检验报告见表 5 – 20。

表 5 – 20　HAF603 – HWS086 项目的外观检验报告

报告编号:WG(NS) – 11 – 焊考 – ×××

实施计划编号	××× – 11 – × × – × ×	焊工项目考试编号（试件编号）	086 – 考号
焊工姓名	王××	依据标准	HAF603 – 2008
焊接方法	HWS	母材牌号和规格	1Cr18Ni9Ti 试板:200 mm×200 mm×12 mm 试管:ϕ60 mm×3.5 mm×125 mm
试件形式	板 – 管接管焊缝	焊接位置	PC + PD

表 5－20（续）

原始状态	原始	
焊缝余高	裂纹	咬边
—	①无 ②无	$h \leqslant 0.5\ mm$；$L = 8.0\ mm$
焊缝余高差	未熔合	背面凹坑
—	①无 ②无	①无 ②无
比坡口每侧增宽	夹渣	变形角度
—	①无 ②无	—
宽度差	气孔	错边量
—	①无 ②无	—
焊缝边缘直线度	焊瘤	角焊缝凹凸度
—	①无 ③无	①凸度 $\leqslant 1.2\ mm$ ②凸度 $\leqslant 1.0\ mm$
背面焊缝余高	未焊透	焊脚尺寸
—	①无 ②无	①$K = 4 \sim 6.5\ mm$ ②$K = 4.5 \sim 6\ mm$
堆焊焊道高度差	堆焊凹下量	通球检验
—	—	85% 通过
堆焊焊道平面度		
外观检验结果（合格、不合格）	合格	检验日期	××××．××．××
检验人员	吴××	证书号	××××
复审人员	罗×	证书号	××××

（三）金相检验

试件分割成 4 个试样后，在单侧腐蚀至清楚地显示出焊缝后，按《民用核安全设备焊工焊接操作工资格管理规定》（HAF603）附件 2 中的 2.5 条款进行金相检查，具体内容如下：

（1）金相宏观检验应用机械方法截取、磨光，再用金相砂纸按"由粗到细"的顺序磨制，然后经适当的浸蚀，使焊缝金属和热影响区有一个清晰的界限，该面上的焊接缺陷用目视或 5 倍放大镜检查。若宏观检查显示出存在有疑问区域，则必须进行微观检查。

（2）每个试样检查面经宏观检验应符合下列要求：

①没有裂纹、未熔合、未焊透；

②气孔或夹渣的最大尺寸不得超过 1.5 mm；当气孔或夹渣大于 0.5 mm，不大于 1.5 mm 时，其数量不得多于 1 个；当只有小于或等于 0.5 mm 的气孔或夹渣时，其数量不得多于 3 个。

（3）金相检验报告。

HAF603 – HWS086 项目的金相检验报告见表 5 – 21。

表 5 – 21　HAF603 – HWS086 项目的金相检验报告

试样类型	标识	尺寸/mm
金相检验	086 – A×××– MA1	
金相检验	086 – A×××– MA2	
金相检验	086 – A×××– MA3	
金相检验	086 – A×××– MA4	

宏观检验

标识	缺陷描述	结果
086 – A×××– MA1	无缺陷	合格
086 – A×××– MA 2	无缺陷	合格
086 – A×××– MA 3	无缺陷	合格
086 – A×××– MA 4	无缺陷	合格
结论	合格	
试验者	姓名：　　日期：　　签名：	
审核	姓名：　　日期：　　签名：	
批准	姓名：　　日期：　　签名：	

六、结束语

HAF603 – HWS086 是民用核安全设备焊工培训、考试和取证基本项目之一,故学习和掌握该项目的操作技术非常重要,对于保证核电设备的焊接质量至关重要。通过长期的培训实践证明,本书所介绍的操作技术不仅方便焊工学习和掌握,焊接质量好,合格率高,而且缩短了培训周期,是一种行之有效地焊接技能操作技术。

HAF603 – HWS086 的项目代号适用范围见表 5 –22 和表 5 –23。

表 5－22　奥氏体不锈钢骑座式管板仰位坡口焊缝项目代号适用范围

聘用单位名称			项目代号编号	H－×××－××
焊工项目考试 合格项目代号		HWS P－T GW Ⅵ 02 T3.5 D60 PC ss nb		
变素	代号	含义	适用范围	
焊接方法	HWS	手工钨极惰性气体保护焊	手工钨极惰性气体保护焊	
试件形式	P－T	管－板接管焊接	P－T 接管焊接	
焊缝形式	GW	管－板接管焊接的 坡口焊缝	GW 焊缝 FW 焊缝	
母材类别	Ⅵ	奥氏体不锈钢	Ⅵ	
焊接材料	02	实心焊丝	01 或 02 均可	
试件厚度	t3.5	焊缝金属厚度:3.5 mm	焊缝金属厚度:3~7 mm	
管材外径	D60	管外径 60 mm	≥25 mm	
焊接位置	PC	仰焊	PA、PB、PC	
焊接要素	ss nb	单面焊 无衬垫	单面焊或双面焊 带衬垫或不带衬垫均可	
专用焊工项目考试工艺评定编号		—		
Y 类专项考试焊机型号		—		
Z 类专项考试举例名称		—		

表 HWS086－8　奥氏体不锈钢骑座式管板仰位角焊缝项目代号适用范围

聘用单位名称			项目代号编号	H－×××－××
焊工项目考试 合格项目代号		HWS P－T FW Ⅵ 02 T3.5 D60 PD ml		
变素	代号	含义	适用范围	
焊接方法	HWS	手工钨极惰性气体保护焊	手工钨极惰性气体保护焊	
试件形式	P－T	管－板接管焊接	P－T 接管焊接	
焊缝形式	FW	角焊缝	FW 焊缝	
母材类别	Ⅵ	奥氏体不锈钢	Ⅵ	
焊接材料	02	实心焊丝	01 或 02 均可	
试件厚度	T3.5	管壁厚度:3.5 mm	≥3 mm	
管材外径	D60	管外径 60 mm	≥25 mm	
焊接位置	PD	仰焊	PA、PB、PC、PD、PE、PF(板)	
焊接要素	ml	多层焊	单层或多层焊均可	
专用焊工项目考试工艺评定编号		—		
Y 类专项考试焊机型号		—		
Z 类专项考试举例名称		—		

第六章 药芯焊丝电弧焊

一、焊接原理

药芯焊丝是继焊条、实心焊丝之后广泛应用的又一类焊接材料,使用药芯焊丝作为填充金属的各种电弧焊方法统称药芯焊丝电弧焊。药芯焊丝电弧焊的基本原理是以可熔化的金属外皮和芯部药粉两部分构成的药芯焊丝作为电极,母材作为另一极,加或不加保护气体。焊接时,在电弧热作用下,焊剂材料、焊丝金属、母材金属和保护气体相互之间发生冶金作用,形成一层较薄的液体熔渣包覆熔滴,并覆盖熔池,对熔化金属形成了又一层保护。

药芯焊丝电弧焊的英文缩写和药芯焊丝电弧焊在《锅炉压力容器压力管道焊工考试与管理规则》中的代号均为 FCAW;药芯焊丝电弧焊在《焊接及相关工艺方法代号》(GB/T 5185—2005/ISO 4063:1998)中的代号分别为 136(非惰性气体保护的药芯焊丝电弧焊)、137(惰性气体保护的药芯焊丝电弧焊)》;药芯焊丝电弧焊在《民用核安全设备焊工焊接操作工资格管理规定》(HAF603)中的代号分为自动药芯焊丝电弧焊(HYZ)和半自动药芯焊丝电弧焊(HYB)。

药芯焊丝电弧焊按焊接方法分类,还可分为气体保护药芯焊丝电弧焊、自保护药芯焊丝电弧焊、埋弧药芯焊丝电弧焊和热喷涂药芯焊丝电弧焊。气体保护药芯焊丝电弧焊的原理如图 6-1 所示。

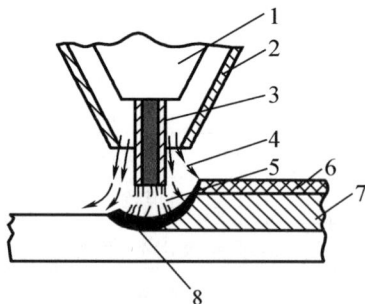

图 6-1 药芯焊丝电弧焊示意图
1—导电嘴;2—喷嘴;3—药芯焊丝;4—保护气体;5—电弧;6—熔渣;7—焊缝;8—熔池

药芯焊丝电弧焊通常用于半自动焊,采用不同的焊丝和保护气体相配合,可以进行平、立、横和仰位及全位置的焊接。与普通熔化极气体保护焊(GMAW)相比,可采用较短的焊丝伸出长度和较大的焊接电流;与焊条电弧焊(SMAW)相比,焊接角焊缝时,可得到较大的焊脚尺寸。

药芯焊丝电弧焊通常用于焊接碳钢、低合金钢、不锈钢和铸铁。使用药芯焊丝活性气体保护焊这种焊接方法是代替焊条电弧焊焊接钢材、实现自动化和半自动化焊接最有前途的一种方法。

核安全设备中反应堆压力容器支撑(RPVHS)、反应冷却管道限位装置(RHS)、蒸汽发生器水平支撑(SGHHS)等使用的焊接方法是带脉冲气体保护药芯焊丝电弧焊(136)。

二、药芯焊丝电弧的优缺点

药芯焊丝电弧焊综合了焊条电弧焊(SMAW)和普通熔化极气体保护焊(GMAW)的优点,其效率是焊条电弧焊的2~3倍,这对提高产品质量和生产效率,降低操作者的劳动强度具有重要意义。主要优点如下:

(1)焊接工艺性能好,引弧容易,电弧稳定,飞溅少且细颗粒。采用气-渣联合保护,焊缝成形美观,易于清渣。

(2)熔敷速度快,熔敷效率(为85%~90%)和生产率较高(生产率比SMAW高2~3倍。

(3)应用范围广,焊接各种钢材的适应性强,通过调整焊剂的成分与比例,可提供所要求的焊缝金属化学成分。

(4)能耗低、综合成本低。

药芯焊丝电弧焊的缺点有以下几点:

(1)焊丝制造过程复杂。

(2)送丝较实心焊丝困难,需要采用降低送丝压力的送丝机构等装置。

(3)焊丝外表容易锈蚀、焊剂易吸潮,因此需要对焊丝的保存严加管理。

对于药芯焊丝电弧焊,推荐采用ϕ1.2 mm的焊丝。为解决我公司滞留的ϕ1.6 mm熔化极药芯焊丝的库存问题,本章增加了ϕ1.6 mm的药芯焊丝角焊缝技能操作项目。本章详细介绍了公司在常规岛推广使用的低碳钢板立向上角焊缝药芯焊丝电弧焊、低合金钢板立向上角焊缝药芯焊丝电弧焊、低合金钢板对接横焊与立向上药芯焊丝电弧焊4个项目的标准化培训教案。

第一节　低碳钢板立向上角焊缝药芯焊丝电弧焊

本节根据HAF603法规,按低碳钢板立向上角焊缝药芯焊丝电弧焊技能操作项目的要点简介、焊接工艺规程、常见焊接缺陷产生原因、焊前准备、焊接操作、不同厂家焊接设备对比、监考记录表、焊后检查等方面进行讲解。

为了叙述方便,HAF603项目考试代号为HYB P FW Ⅰ T12 PF ml的低碳钢板立向上角焊缝药芯焊丝电弧焊以下均称为"HAF603-HYB008"。

一、本项目要点简介

HAF603-HYB008所用钢材为Q235或等效材料,这类钢材是普通碳素结构钢。

普通碳素结构钢的焊接工艺特点:焊接结构用普通碳素结构钢一般含碳量均小于0.22%,其供货状态为冷拔(轧)或热轧,碳当量<0.40%,焊接性好,可用各种焊接方法进

行焊接,当壁厚<30 mm 时,可不预热。焊接时主要考虑等强度原则,即保证焊接接头与母材强度相等,可选用碳、硫和磷含量略低于母材,锰和硅含量略高于母材的焊接材料,以提高熔敷金属的强度和抵抗气孔的能力。其次应采用较小的热输入,避免焊缝及热影响区过热,产生粗大的魏氏体组织,降低接头的强度、塑性和韧性。大厚壁管或容器纵、环焊缝焊接时,如必须采用大规范埋弧焊或电渣焊,焊后必须进行正火热处理,以保证与母材等强度。焊接沸腾钢时,因其含氧量高,硫、磷杂质元素偏析严重,应采用低氢型焊接材料,小的热输入,控制焊缝成形系数,避免产生深而窄的焊缝,降低热裂纹的敏感性。在环境温度低于 -30 ℃ 的条件下焊接时,必须采取预热措施,使用低氢型焊接材料。

(一)适用范围

本教案适用于低碳钢板立向上角焊缝药芯焊丝电弧焊的技能培训,也可作为核电技能教师在培训学员时的教学方案。

(二)教案编写依据

(1)《民用核安全设备焊工焊接操作工资格管理规定》(HAF603)2008 年版。

(2)低碳钢板角接立向上药芯焊丝电弧焊的焊接工艺规程编号:GC - 13 - 118。

(3)适用性文件《预热、层温、后热和焊后热处理总要求》《对焊接操作的附加要求》和《焊接的总要求》。

(三)要点简介

(1)药芯焊丝电弧焊具有焊接生产率高、飞溅少、焊缝成形美观、焊接适应性强以及抗氧化性强等优点,广泛应用于低碳钢及低合金钢等黑色金属的焊接,缺点有焊丝制造比较复杂、成本高、焊丝容易锈蚀、药粉容易受潮、送丝困难、对送丝机构要求高等。

(2)焊接主要防气孔、夹渣、咬边、冷裂纹。板角接立焊位置操作难度在于液态金属由于重力作用下坠,容易产生焊瘤。在立焊时,要严格控制好焊丝角度和焊丝伸出长度。

①采用多层多道焊的熔敷类型,焊条要摆动;

②做好"三磨",即焊道接头、焊道与焊道、各焊层之间,在焊接前应进行表面打磨,使金属表面干净,露出光泽,无任何缺陷;

③严格控制热输入和道间温度;

④严格控制预热、后热温度,防止产生冷裂纹;

⑤干燥保存焊丝,避免受潮,防止氢气孔产生。

(3)注意要点:

①打底:需注意两边死角和面。

②填充:需注意每道的焊接顺序和盖面前一层所预留的边角。

③盖面:需注意焊接规范,焊趾处容易产生咬边和未融合。

二、HAF603 - HYB008 焊接工艺规程

HAF603 - HYB008 项目的焊接工艺规程见表 6 - 1。

表 6 – 1 HAF603 – HYB008 项目的焊接工艺规程

编号:GC – 13 – 118 REV. A

技能考试项目代号	HYB P FW Ⅰ T12 PF ml		
工艺评定报告编号/依据标准/有效期	×××/WTC – PQR ×××/HAF603 2008/长期有效	焊接接头简图(有衬垫的应标明衬垫的形式和截面尺寸):	

焊接接头		焊接接头简图(有衬垫的应标明衬垫的形式和截面尺寸):
坡口形式	—	
衬垫(材料)	—	
焊缝金属厚度	12 mm	
管子直径	—	
其他	装配间隙 0 ~ 1 mm,倒角 R = 0.5 mm	

母材		填充金属	
类别号	试板Ⅰ	焊材类型(焊条、焊丝、焊带等)	焊丝
牌号	试板:Q235 或等效材料	焊材型(牌)号/规格	GFL – 71/φ1.2 mm
规格	试板两块:300 mm×125 mm×12 mm	焊剂型(牌)号	—
焊接位置	保护气体类型/混合比/流量		
焊接位置	立焊(PF)	正面	80% Ar + 20% CO₂ 气体流量(L/min):18 ~ 25
焊接方向	向上	背面	—
其他	—	尾部	—

预热和层间温度		焊后消除应力热处理	
最低预热温度	5 ℃	温度范围	—
最高层间温度	100 ℃	保温时间	—
后热温度	—	其他	—

焊接技术			
最大热输入			
喷嘴尺寸	19 mm	导电嘴与工件距离	15 ~ 20 mm
清根方法	—	焊缝层数范围	2 ~ 3 层
钨极类型/尺寸	—	熔滴过渡方式	—
直向焊、摆动焊及摆动方法		横向摆动范围不得超过焊芯直径的 5 倍	
背面、打底及中间焊道清理方法		刷理或打磨	

焊接参数							
焊层	焊接方法	焊材		焊接电流		电压范围/V	焊接速度/(cm·min⁻¹)
		型(牌)号	规格/mm	极性	范围/A		
定位焊	HD	E7018	φ3.2	直流反接	100 ~ 135	20 ~ 28	—

表 6 - 1(续)

焊层	焊接方法	焊材		焊接电流		电压范围/V	焊接速度/(cm·min⁻¹)
		型(牌)号	规格/mm	极性	范围/A		
序号 1（打底焊）	HYB	GFL - 71	ϕ1.2	直流反接	170~300	19~28	2.4~5.4
序号 2（盖面焊）	HYB	GFL - 71	ϕ1.2	直流反接	170~300	19~28	2.4~5.4

工艺说明	施焊操作要领
工艺说明： (1)本规程根据《民用核安全设备焊工焊接操作工资格管理规定》(HAF603)编制； (2)操作考试前,应当在主考人、监考人与焊工共同在场确认的情况下,在试件上标注焊工项目考试编号； (3)焊接完成后,试件按 HAF603 附件 2 中的 2.2 条款做外观检验； (4)试件无损检验合格后按热处理要求进行热处理,并出具热处理报告； (5)试样按 HAF603 附件 2 中的 2.6 条款做 1 个断口检查	操作要领： (1)操作考试前,参考焊工应将坡口表面及两侧25 mm范围内清理干净,去除铁屑、氧化皮、油、锈和污垢等杂物； (2)每道焊缝焊接前应检查温度； (3)第一层焊缝中至少应当有一个停弧再焊接头； (4)焊缝表面最后一层应保持原始状态,不允许修磨和返修
编制单位名称	

三、常见焊接缺陷产生原因

（一）焊瘤

1. 缺陷形貌

立向上焊焊瘤缺陷形貌如图 6 - 2 所示。

2. 产生原因

焊速过快,电压过低,两端运枪过快,中间运枪过慢。

（二）咬边

1. 缺陷形貌

立向上焊咬边缺陷形貌如图 6 - 3 所示。

2. 产生原因

焊速过快,电压过高,焊枪操作不好,运枪在两端停留的时间过短。

（三）重力下垂

1. 缺陷形貌

立向上焊重力下垂缺陷形貌如图 6 - 4 所示。

2. 产生原因

电压过低,焊枪操作不好,焊枪角度不对,摆动幅度过小。

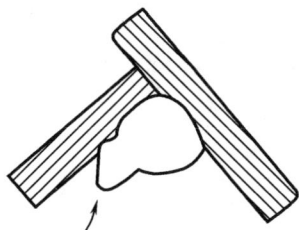

图6-2　焊瘤示意图

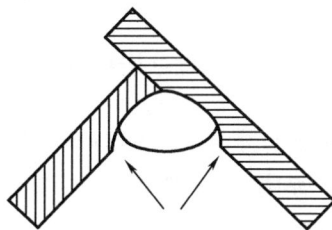

图6-3　咬边示意图

（四）焊缝宽窄超差

1. 缺陷形貌

焊缝宽窄超差缺陷形貌如图6-5所示。

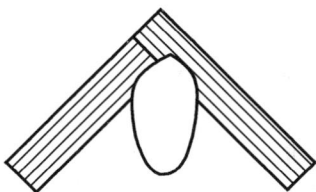

图6-4　重力下垂示意图

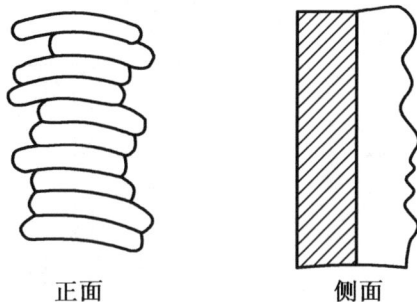

正面　　　　　　侧面

图6-5　焊缝宽窄超差示意图

2. 产生原因

焊接条件不好,摆动幅度不稳定,焊速不稳定,焊枪角度不对,焊工焊接技术不熟练。

四、焊前准备

（一）试件

1. 材质:Q235或等效材料。

规格:试板2块　　　　300 mm×125 mm×12 mm　　　　2块

2. 试件清理:必须去除表面氧化物,并且不得存在任何氧化痕迹,试板坡口两侧及背面25 mm范围内的油、锈、氧化皮等应清理干净,直至露出金属光泽。

3. 打上考试试件编号。

（二）工具

钳式电流电压表、数字型接触式测温仪、低应力钢印、电动角向磨光机、敲渣锤、手持式面罩、拖线板、砂轮片、钢刷、手工铁丝钳子、活动扳手、扁铲、防飞溅剂。

（三）防护

操作人员应穿戴工作服、工作帽、劳保鞋、口罩、耳塞、手套、防护眼镜、面罩。

（四）焊接设备及焊接工装夹具的检查

（1）启动焊机前,检查各处的接线是否正确、牢固可靠,电流表和电压表应在有效期内。

（2）焊机运行检查、极性检查,辅助按钮以及工装夹具是否可以正常使用,工装夹具扳手是否齐全。

（3）检查气体是否选用正确,气体流量计电源是否插好,气体输送是否正常,气瓶压力是否足够。

（4）检查焊丝牌号、型号是否正确,焊丝是否装好,送丝是否均匀。

（5）按焊接工艺规程调试焊接电流并用钳型电流电压表,检查焊接参数是否在规定的适用范围内。

（五）文件准备

焊前需准备焊接用工艺规程、流转卡、质量计划、适用性文件和监考记录表。

（六）焊前测温

根据焊接工艺规程得知,预热温度不小于 5 ℃,试件放在平台上两块试板用测温仪测试件温度（测试件六点）,并将测试件六点温度数据填写在监考记录表中。测试件六点分布如图 6 - 6 所示。

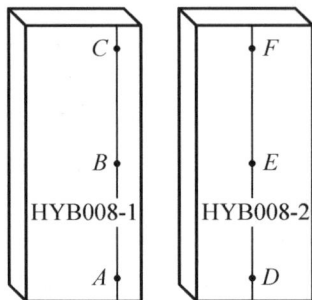

图 6 - 6　测试件六点分布

（七）焊材的领用和核电保温桶正确使用

（1）焊材的领用。

普通碳素结构钢焊接材料的选择首先应考虑"等强度"原则,这里的"等强度"是指焊缝金属的强度不低于母材标准规定的下限,强度值的绝对相等实质上是办不到的,但需强调的是母材的屈强比和焊缝金属的不同,很难使焊缝金属的强度和屈服极限同时达到母材的相应指标;其次应考虑焊件的工作条件,如是否工作在动载下、施焊的环境温度如何等;最后应考虑焊件的结构特点,如壁厚、接头形式、焊缝位置和结构的刚性大小、焊工的操作技术水平以及经济性等。焊接材料的领用见表 6 - 2。

根据规程 GC - 13 - 118,焊条领用 E7018,ϕ3.2 mm。E7018 焊条可交直流两用,进行全位置焊接。

焊工应凭流转卡、员工证到焊材烘焙库领取已经烘干好的焊材,放入核电保温桶中以防止焊条中的含氢氧量增加。核电保温桶应保持恒温,温度为 100 ~ 150 ℃。焊材的领取不能一次性领取过多,ϕ3.2 mm 领取 1 ~ 3 根为宜,在领取焊材时需确认该焊材的炉批号和检验编号。

（2）核电保温桶正确使用。

核电保温桶上有检验合格标签和有效期标志,焊工应使用经过检验合格的核电保温桶。

表6-2　焊接材料领用表

工序	焊接方法	焊材		烘干温度	领用数量
		型(牌)号	规格/mm		
定位焊	HD	E7018	φ3.2		
焊接防飞溅剂	HYB	F-402			22 kg
焊嘴防堵剂	HYB	F-409	—		22 kg
序号1(打底焊)	HYB	GFL-71	φ1.2		
序号2(盖面焊)	HYB	GFL-71	φ1.2		

注:焊丝牌号:GFL-71　京雷焊材　φ1.2 mm

　型号:GB/T　10045:E501 T-1

　AWS A5.20:E71T-1C

　AWS A5.20M:E491T-1C

(3)焊条的使用。

戴干净的手套,从核电保温桶里拿出一根焊条后盖上盖子,防止保温桶里的焊条含氢氧量增加。E7018-G 的焊条引弧时容易出现氮气孔,所以引弧的部分需要打磨。

(4)焊条头的回收。

焊接一根焊条后,剩余的焊条头需放入回收桶内。焊条头的长度应不小于50 mm,因为当焊接工艺参数过大时,剩余较短的焊条在高温作用下呈现红色,药皮中起造气作用的大理石等在高温下提前分解或药皮脱落,影响保护效果,易出现氮气孔等焊接缺陷。另一方面,焊条内的合金元素被严重烧损,致使接头的性能下降,强度降低。

(5)焊嘴防堵剂。

型号F-409焊嘴防堵剂。

将焊嘴防堵剂倒入小铁盒等敞口容器内,焊前将焊嘴插入蘸一下即可焊接作业。

(6)焊工根据工艺规程到焊材二级库领用牌号GFL-71的药芯焊丝。

(7)焊丝用完后,按照相关规定进行退库保存,以免受潮生锈。

(8)领用焊接防飞溅剂。

型号F-402焊接防飞溅剂。

在焊接前30 min在试板焊缝两边30~50 mm处用喷雾器或刷子进行喷刷防飞溅剂。

五、焊接操作

(一)装配与定位

预热温度不低于5 ℃时,可进行装配定位。为保证角焊缝根部焊透,立板待焊处倒角,装配间隙不大于1 mm,点焊定位时,焊条在试板背面两端或中间进行定位焊,每段长度不小于15 mm即可,以防止开裂。装配如图6-7所示。

(二)打底层焊接操作要领

(1)焊前先检查设备运行是否良好,焊接参数是否调节好,焊接温度是否达到。

(2)在定位焊的另一个待焊面,引弧,施焊。

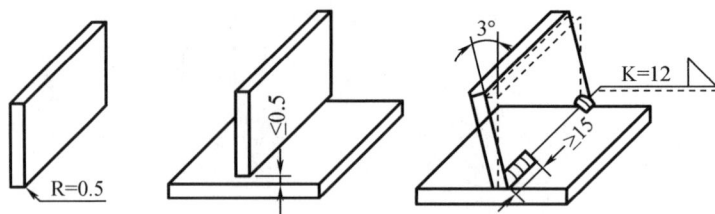

图 6-7　装配示意图

（3）打底焊道必须为单道焊,引燃电弧前可根据设备功能,最好加一定的热启动电流,这样引弧容易,不易出气孔。

（4）焊枪角度尽量垂直于试板,焊丝对正两试板交接处,引燃电弧后,需压低电弧建立第一个熔池,从下往上焊枪轻微摆动,左右稍做停留,采用三角运枪法,各点停 0.5～1 s,向上焊接。

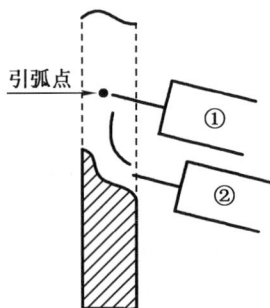

图 6-8　电弧引燃示意图

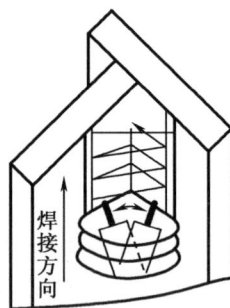

图 6-9　打底层焊接运丝示意图

（5）根据 HAF603,第一层焊缝至少有一个停弧再焊接头,做好接头标记或焊缝长度标记,经检查人员确认后,继续焊接。焊接前,焊道接头需用角向磨光机将焊道清理干净,用刷子将焊接产生的粉尘刷除,焊缝露出金属光泽再进行焊。

（6）焊接中断或结束时,收弧应稍做停留,待弧坑填满后再熄弧。若设备有熄弧衰减功能最好,这样可避免收弧过快而在收弧处产生气孔。

打底焊和盖面焊如图 6-10 和图 6-11 所示。

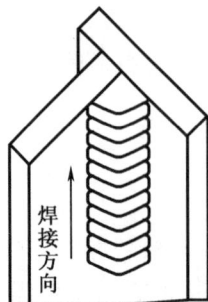

图 6-10　打底焊示意图

图 6-11　盖面焊示意图

（三）盖面层的操作要领

第一层以后采用月牙摆动法,电流 150～200 A,电压 22～25 V。

（1）盖面层的焊接，先打磨焊缝成凹形为最好，焊缝表面露出金属光泽，整条焊缝宽窄均匀（图6-12）。

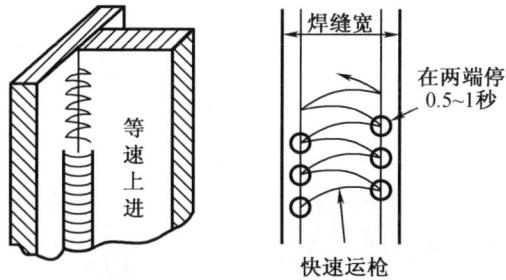

图6-12　盖面层的焊接运丝示意图

（2）焊接电流、电压、送丝速度均比填充时要低一些，调节三者时要相互匹配好，以达到易操作、电弧稳定、飞溅小、焊缝保护效果好的目的。

（3）焊工操作时，手要稳，焊接角度要正确，速度要均匀，焊枪摆动宽度要一致，电弧尽量压低，避免焊缝两边咬边。

（4）焊接时，焊接速度和焊枪摆动稍微快一些，以获得规定的焊高尺寸和美观的外观成形。

（5）盖面焊缝的焊道至少要有一个焊道接头，焊接结束后，焊缝表面保持原始焊缝，不做打磨，只需用扁铲去除焊缝上及焊缝两边的飞溅，再用钢刷刷净焊缝的焊渣和粉尘即可。

打底层实物照片和盖面实物照片如图6-13和图6-14所示。

图6-13　打底层实物照片

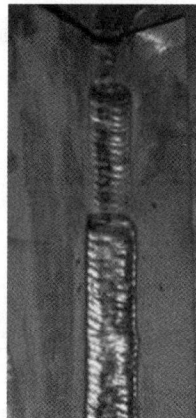

图6-14　盖面实物照片

六、不同厂家焊接设备对比

我们根据ESAB、奥太、松下和时代四个厂家提供的设备，采用规格为$\phi 1.2$ mm药芯焊丝，焊脚尺寸$K=12$ mm进行比对，焊接的实物及焊缝照片见表6-3至表6-6。

（一）ESAB 焊机推荐焊接工艺参数

表 6-3　ESAB AristoMig500 脉冲焊机推荐焊接工艺参数表

焊层	焊丝牌号	规格/mm	焊接电流/A	焊接电压/V	送丝速度/(m·min⁻¹)
1	GFL-71	$\phi1.2$	237	23.3	11.4
2	GFL-71	$\phi1.2$	213	24	9.4

照片		
	焊缝	实物整体

（二）奥太焊机推荐焊接工艺参数

表 6-4　奥太 NBC-500 焊机推荐焊接工艺参数表

焊层	焊丝牌号	规格/mm	焊接电流/A	焊接电压/V	送丝速度/(m·min⁻¹)
1	GFL-71	$\phi1.2$	197	26.8	
2	GFL-71	$\phi1.2$	207	28.4	

照片		
	焊缝	实物整体

（三）松下焊机推荐焊接工艺参数

表 6-5　松下 YD-500FR1 焊机推荐焊接工艺参数表

焊层	焊丝牌号	规格/mm	焊接电流/A	焊接电压/V	送丝速度/(m·min⁻¹)
1	GFL-71	$\phi1.2$	194	25.6	
2	GFL-71	$\phi1.2$	204	26.6	

照片		
	焊缝	实物整体

（四）时代焊机推荐焊接工艺参数

表 6 - 6 时代 NB - 500 焊机推荐焊接工艺参数表

	焊层	焊丝牌号	规格 /mm	焊接电流 /A	焊接电压 /V	送丝速度/ (m·min⁻¹)
	1	GFL - 71	φ1.2	193	28	
	2	GFL - 71	φ1.2	203	26.7	
照片						
	焊缝			实物整体		

（五）立向上焊角接头照片对比

我公司一名熟练气体保护焊的焊工用四种不同厂家生产的设备（都是 500 型号）焊接立向上角接接头,焊缝照片对比详见表 6 - 7。

表 6 - 7 碳钢钢板角焊缝立向上位置药芯焊丝电弧焊照片

焊脚 尺寸	实物照片			
K = 12 mm 焊缝 照片				
K = 12 mm 实物 照片				
设备 生产 厂家	ESAB AristoMig500 焊机	奥太 NBC - 500 焊机	松下 YD - 500FR1 焊机	时代 NB - 500 焊机

七、监考记录表

HAF603 - HYB008 监考记录表的格式见表 6 - 8。

表 6 – 8　FAF603 – HYB008 监考记录表

焊工项目考试施焊及监考记录表	施焊及监考记录表编号:JK(NS) – 13 – × × ×
	考试计划编号:× × × – JH – 13 – × ×
	页码:第　页/共　页

参考焊工单位			
项目代号	HYB P FW Ⅰ T12 PF ml		
焊工姓名	李 × ×	工位编号	× × × – H – 12
考试用焊接工艺规程编号	GC – 13 – 118	焊工项目考试编号	HYB008 – A × × ×

考试日期	2013.0.21
考试开始时间	10:35
考试终止时间	18:30
考试开始时间	
考试终止时间	

图中标注: K=12 mm, 2, a=8.5 mm

焊道序号	焊材规格/mm	电流极性	电流/A	电压/V	焊速/(mm·min⁻¹)	预热温度或层间温度/℃	保护气体流量/(L·min⁻¹) 正面	保护气体流量/(L·min⁻¹) 背面	其他
定位焊	φ3.2	直流反接	115	24	—	28　28　28			E7018
1	φ1.2	直流反接	170	25	—	40　43　47	—	—	GFL – 71
2	φ1.2	直流反接	165	24	—	68　72　77	—	—	GFL – 71

参考焊工(签字):李 × ×	监考人(签字):监考一号

八、焊后检查

(一)外观检验

焊缝外观检验按《民用核安全设备焊工焊接操作工资格管理规定》(HAF603)附件 2 中的 2.2 条款进行外观检验,具体内容如下:

(1)试件的外观检验,采用目视或 5 倍放大镜进行。手工焊的板材试件两端 20 mm 内的缺陷不计,焊缝的余高和宽度可用焊缝检验尺测量最大值和最小值,但不取平均值,单面焊的背面焊缝宽度可不测定。

(2)试件焊缝的外观检验应符合下列要求:

①焊缝表面应是焊后原始状态,不允许加工修磨或返修。

②焊缝外形尺寸应符合下列要求:

③板材、管板或接管角焊缝凸度或凹度应不大于 1.5 mm;板材、管板或接管角焊缝的焊脚尺寸 K 为 $T + (0 \sim 3)$ mm(T 为板或管壁厚)。

④各种焊缝表面不得有裂纹、未熔合、夹渣、气孔、焊瘤和未焊透,机械化焊的焊缝表面不得有咬边和凹坑,手工焊焊缝表面的咬边不得超过表 6 – 9 的规定。

表6-9　药芯焊丝电弧焊焊缝表面咬边

缺陷名称	允许的最大尺寸
咬边	深度≤0.5 mm;焊缝两侧咬边总长度不得超过焊缝长度的10%

（二）断口检验

试件按《民用核安全设备焊工焊接操作工资格管理规定》（HAF603）附件2中的2.6条款进行断口检查,具体内容如下:

（1）板材角焊缝试件的断口检验,如图6-15所示,用机械方法在其焊缝上加工出一条1/3T深,尖角≤45°的沟槽,然后将试件压断或折断,检查断口缺陷。

（2）试件的断口检验应符合下列要求:

①断面上没有裂纹和未熔合;

②背面凹坑深度不大于25%T,且不大于1 mm;

③单个气孔沿径向不大于30%T,且不大于1.5 mm,沿轴向或周向不大于2 mm;

④单个夹渣沿径向不大于25%T,沿轴向或周向不大于30%T;

⑤在任何10 mm焊缝长度内,气孔和夹渣不多于3个;

⑥沿圆周方向10T范围内,气孔和夹渣的累计长度不大于T;

⑦沿壁厚方向同一直线上各种缺陷总和不大于30%T,且不大于1.5 mm;

⑧装配间隙不大于2 mm。

试件断口试样检验结果均符合上述要求才合格,否则为不合格。

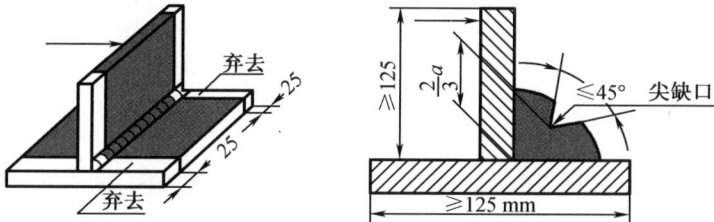

图6-15　板材角焊缝试件的断口检验示意图(尺寸单位:mm)

（三）外观检验报告

HAF603-HYB008项目考试外观检验报告见表6-10。

表6-10　HAF603-HYB008项目考试外观检验报告

报告编号:WG(NS)-11-焊考-xxx

实施计划编号	×××-11-××-××	焊工项目考试编号（试件编号）	118-考号
焊工姓名	李××	依据标准	HAF603-2008
焊接方法	HYB	母材牌号和规格	Q235 300 mm×125 mm×12 mm
试件形式	板对板角焊缝	焊接位置	PF
原始状态		原始	

表 6 – 10（续）

焊缝余高	裂纹	咬边
—	无	$h \leqslant 0.5$ mm；$L = 5$ mm
焊缝余高差	未熔合	背面凹坑
—	无	
比坡口每侧增宽	夹渣	变形角度
—	无	
宽度差	气孔	错边量
—	无	
焊缝边缘直线度	焊瘤	角焊缝凹凸度
—	无	凸度 $\leqslant 0.9$ mm
背面焊缝余高	未焊透	焊脚尺寸
—	—	$K = 12.5 \sim 13.5$ mm
堆焊焊道高度差	堆焊凹下量	通球检验
—	—	—
堆焊焊道平面度		
—		
外观检验结果（合格、不合格）	合格	检验日期	×××.××.××
检验人员	罗×	证书号	××××
复审人员	吴××	证书号	××××

九、结束语

HAF603 – HYB008 项目是民用核安全设备焊工培训、考试和取证基本项目之一，故学习和掌握该项目的操作技术非常重要，对于保证核电设备的焊接质量至关重要。通过长期的培训实践证明，本书所介绍的操作技术不仅方便焊工学习和掌握，焊接质量好，合格率高，而且缩短了培训周期，是一种行之有效地焊接技能操作技术。

HAF603 – HYB008 项目的焊接适用范围，见表 6 – 11。

表 6 – 11 HAF603 – HYB008 项目的焊接适用范围

聘用单位名称			项目代号编号	H – ××× –118
焊工项目考试合格项目代号	HYB P FW Ⅰ T12 PF ml			
变素	代号	含义	适用范围	
焊接方法	HYB	药芯焊丝电弧焊	药芯焊丝电弧焊	
试件形式	P	板 – 板接头	P 接头	
			管外径：$D \geqslant 500$ mm 的 T 接头	
焊缝形式	FW	P 接头的角焊缝	FW 焊缝	

表 6 – 11（续）

变素	代号	含义	适用范围
母材类别	I	碳钢	I
焊接相关尺寸	T12	试板厚度 12 mm	≥3 mm
焊接位置	PF	立向上焊	PA、PB、PF
焊接要素	ml	多层焊	单层焊或多层焊均可
专用焊工项目考试工艺评定编号		—	
Y 类专项考试焊机型号		—	
Z 类专项考试举例名称		—	

第二节 低合金钢板对接立向上药芯焊丝电弧焊

本节根据 HAF603 法规，按低合金钢板对接立向上药芯焊丝电弧焊技能操作项目的要点简介、焊接工艺规程、焊前准备、焊接操作、焊后检查等方面进行讲解。

为了叙述方便，HAF603 项目考试代号为 HYB P GW Ⅲ t30 PF ss mb 的低合金钢板对接立向上药芯焊丝电弧焊以下均称为"HAF603 – HYB003"。

一、本项目要点简介

（一）适用范围

本教案适用于核电低合金钢板对接立向上药芯焊丝电弧焊的技能培训，也可作为核电技能教师在培训学员时的教学方案。

（二）教案编写依据

（1）《民用核安全设备焊工焊接操作工资格管理规定》（HAF603）2008 年版。

（2）低合金钢板状对接药芯焊丝电弧焊立向上焊焊接工艺规程，编号：GC – 12 – 121。

（3）适用性文件《预热、层温、后热和焊后热处理总要求》《对焊接操作的附加要求》和《焊接的总要求》。

（三）要点简介

（1）带脉冲装置的药芯焊丝电弧焊是焊接低合金钢的推广焊接方法，具有灵活、不受焊接位置的限制以及焊接质量可以保证等优点。其缺点是熔深浅，需要富氩保护。HAF603 – HYB003 的保护气体为 98% 氩气 + 2% 二氧化碳气体。

与上一节课的低合金钢板对接横位相比，除了设备需要带脉冲装置，本节课的氩气保护气体成分比例相对增加。采用 98% 氩气 + 2% 二氧化碳气体，此时立焊位置焊接低合金钢能使成形美观，咬边减少，飞溅减小，熔深增加，达到较好的焊接效果。

目前公司采用药芯焊丝电弧焊方法来焊接轧制状态或调质型弥散强化（Ⅲ类）钢的设备是 ESAB AristoMig500 脉冲药芯焊丝电弧焊机和松下 500GL3 脉冲熔化极气体保护焊机。

（2）低合金钢焊接主要防咬边、冷裂纹。板对接立焊位置操作难度在于液态金属由于重力作用下坠，容易产生焊瘤。在立焊时，要严格控制好焊枪角度。

①采用多层多道焊的熔敷类型，焊丝要摆动，摆动幅度不能超过焊芯直径的五倍。

②做好"三磨"，即焊道接头、焊道与焊道、各焊层之间，在焊接前应进行表面打磨，使金属表面干净，露出光泽，无任何缺陷。

③严格控制热输入和道间温度。

（3）注意要点：

打底：需注意两边死角和面。

填充：需注意每道的焊接顺序和盖面前一层所预留的边角。

盖面：需注意焊接规范，焊趾处容易产生咬边和未熔合。

二、HAF603 – HYB003 焊接工艺规程

HAF603 – HYB003 项目的焊接工艺规程见表 6 – 12。

表 6 – 12　HAF603 – HYB003 项目的焊接工艺规程

编号：GC – 12 – 121 Rev. B

技能考试项目代号	HYB P GW Ⅲ t30 PF ss mb		
工艺评定报告编号/ 依据标准/有效期	××××/WTC – PQR××× HAF603 2008/长期有效	自动化程度/稳压 系统/自动跟踪系统	手工焊

焊接接头		焊接接头简图(有衬垫的应标明衬垫的形式和截面尺寸)：
坡口形式	V 形	
衬垫（材料）	—	
焊缝金属厚度	30 m	
管子直径	—	
其他	坡口角度 20°～30°，装配间隙 10～20 mm，钝边 0～0.5 mm	

母材		填充金属	
类别号	试板Ⅲ	焊材类型 （焊条、焊丝、焊带等）	焊丝
牌号	试板：13MnNiMo54 或等效材料	焊材型（牌）号/规格	SAFUDAL200 $\phi1.6$ mm
规格	试板两块：300 mm×125 mm×30 mm 垫板一块：300 mm×80 mm×10 mm	焊剂型（牌）号	—
焊接位置	保护气体类型/混合比/流量		
焊接位置	立焊（PF）	正面	98% Ar + 2%/CO_2 气体流量（L/min）：18～20
焊接方向	向上	背面	
其他	—	尾部	—

表 5 – 12（续）

预热和层间温度		焊后消除应力热处理	
最低预热温度	150 ℃	温度范围	595 ~ 620 ℃
最高层间温度	250 ℃	保温时间	1.5 ~ 2 h
预热方式	天然气火炬加热	其他	最高进出炉温度:350 ℃ 最大升降温速率:55 ℃/h

焊接技术

最大热输入	—		
喷嘴尺寸	19 mm	导电嘴与工件距离	15 ~ 20 mm
清根方法	打磨	焊缝层数范围	6 ~ 9 层
钨极类型/尺寸	—	熔滴过渡方式	
直向焊、摆动焊及摆动方法	—		
背面、打底及中间焊道清理方法	刷理或打磨		

焊接参数

焊层	焊接方法	焊材 型(牌)号	焊材 规格/mm	焊接电流 极性	焊接电流 范围/A	电压范围/V	焊接速度/(m·min⁻¹)
定位焊	HD	ESAB OK48.00	ϕ3.2	直流反接	115 ~ 135	22 ~ 28	
序号 1 (打底焊)	HYB	SAFUDAL200	ϕ1.6	脉冲反接	180 ~ 300	19 ~ 28	2.7 ~ 5.4
序号 2 (填充焊)	HYB	SAFUDAL200	ϕ1.6	脉冲反接	180 ~ 300	19 ~ 28	2.7 ~ 5.4
序号 3 (盖面焊)	HYB	SAFUDAL200	ϕ1.6	脉冲反接	180 ~ 300	19 ~ 28	2.7 ~ 5.4

工艺说明	施焊操作要领

工艺说明:

(1)本规程根据《民用核安全设备焊工焊接操作工资格管理规定》(HAF603)编制;

(2)操作考试前,应当在主考人、监考人与焊工共同在场确认的情况下,在试件上标注焊工项目考试编号;

(3)焊接完成后,试件按 HAF603 附件 2 中的表 1 和 2.2 条款做外观检验;

(4)试件按 HAF603 附件 2 中的表 1 和 2.3 条款做射线探伤;

(5)试件无损检验合格后按热处理要求进行热处理,并出具热处理报告;

(6)试样按 HAF603 附件 2 中的表 1 和 2.4 条款做 2 个侧弯试验

操作要领:

(1)操作考试前,参考焊工应将坡口表面及两侧 25 mm 范围内清理干净,去除铁屑、氧化皮、油、锈和污垢等杂物。

(2)每道焊缝焊接前应检查温度,在焊接中断且温度降至低于最低预热温度之前,须进行后热处理。后热温度:250 ~ 400 ℃;最短后热时间:2 h;后热方式:天然气火炬加热。

(3)第一层焊缝中至少应当有一个停弧再焊接头。

(4)焊缝表面最后一层应保持原始状态,不允许修磨和返修

编制单位名称	

三、焊前准备

(一)预热

(1)试件放在加热平台上两块试板整体加热,模拟产品整体加热。根据焊接工艺规程 GC – 12 – 121 得知,预热温度为 150 ~ 250 ℃。

(2)试件放在加热平台上,两块试板整体点火加热,用测温仪至少每 30 min 测试件温度(测试件六点)并将测试件六点温度数据填写在监考记录表中。

(二)焊材的领用和核电保温桶正确使用

(1)焊材的领用:

焊工应凭流转卡、员工证到焊材烘焙库领取已经烘干好的焊材,需放入核电保温桶中以防止焊材中的含氢氧量增加。核电保温桶应保持恒温,温度为 100 ~ 150 ℃。焊材的领取不能一次性领取过多,$\phi 3.2$ mm 领取 5 根,领取焊材时需确认该焊材的炉批号和检验编号。

(2)焊工根据工艺规程到焊材烘焙库领用牌号为 SAFUDAL200、规格为 $\phi 1.6$ mm 的药芯焊丝。

(3)领取瓶装二元混合气体 98% Ar + 2% CO_2。

四、焊接操作

(一)焊接操作方法

1. 打底层焊接操作要领

焊接前先打开气体将流量计电源插好,用数字型接触式测温仪检测,试板温度达到 150 ~ 250 ℃时进行焊接。打底焊缝要单道焊接,引燃电弧并压低电弧建立第一个熔池,从下往上焊枪轻微摆动,焊丝对正坡口内垫板和试板的交界处,左右稍做停留,用月牙形运条向上焊接。根据 HAF603 第一层焊缝应至少有一个停弧再焊接头,做好接头标记或焊缝长度标记,经检查人员确认后,继续焊接。用角向磨光机将焊道清理干净,用钢刷将粉尘刷除,焊缝露出金属光泽再进行焊接。

2. 填充层焊接操作要领

填焊前用数字型接触式测温仪,检查焊缝温度分别测三个点,并做好记录,在规定的温度范围内才能开始焊接。填焊时要注意每层焊缝的熔敷厚度,每层焊缝最好一气呵成,用衰减将收弧弧坑填满。焊完最后一条焊道后,其焊缝表面深度 0.5 ~ 1.5 mm,两侧棱边不能烧损,保持原始状态,填充焊缝层形状略呈凹形为最好,然后进行盖面层焊接。

3. 盖面层的操作要领

盖面层的焊接,先打磨焊缝表面露出金属光泽,电流稍偏小,便于控制电弧。操作时手要稳,焊接角度要正确,焊枪轻微摆动使焊缝坡口边缘熔合 1.5 ~ 2 mm,压低电弧,避免焊趾处产生咬边。盖面时焊缝的焊道至少要有一个焊道接头,盖面最后一道,焊接速度稍快一点,避免焊缝超宽。焊接结束后,焊缝表面保持原始状态,不做打磨。

(二)焊道记录图、焊接参数与层温记录表

焊缝参数、层间温度记录和焊道记录图应在焊接过程中执行,见表 6 – 13 和表 6 – 14。

表 6 - 13 监考记录表 1

焊工项目考试施焊及监考记录表	施焊及监考记录表编号:JK(NS) - 13 - ××× 考试计划编号:××× - JH - 13 - 10

参考焊工单位	
项目代号	HYB P GW Ⅲ t30 PF ss mb

焊工姓名	李××	工位编号	××× - H - ××
考试用焊接 工艺规程编号	GC - 12 - 121	焊工项目 考试编号	121 - A×××

考试日期	
考试开始时间	
考试终止时间	
考试开始时间	
考试终止时间	

焊道 序号	焊材 规格	电流极性	电流 /A	电压 /V	焊速 (mm·min⁻¹)	预热温度或 层间温度/℃			保护气体流量 /(L·min⁻¹)		其他
									正面	背面	
定位焊	φ3.2	直流反接	120	24	—	162	163	167	—	—	ESABOK48.00
1 - 1	φ1.6	脉冲反接	180	24	3.9	172	173	177			SAFUDAL200
2 - 1	φ1.6	脉冲反接	180	24	3.9	161	162	164			
3 - 1	φ1.6	脉冲反接	180	24	3.9	165	167	166			
3 - 2	φ1.6	脉冲反接	180	24	3.9	178	175	174			
4 - 1	φ1.6	脉冲反接	180	24	3.9	172	174	175			
4 - 2	φ1.6	脉冲反接	180	24	3.9	175	178	179			
4 - 3	φ1.6	脉冲反接	180	24	3.9	180	181	182			
5 - 1	φ1.6	脉冲反接	180	24.5	3.9	179	180	182			
5 - 2	φ1.6	脉冲反接	180	24.5	3.9	182	183	185			
5 - 3	φ1.6	脉冲反接	180	24.5	3.9	186	188	196			

参考焊工(签字):李×× 　　　　　　　　　　　　　监考人(签字):监考一号

表 6 - 14 监考记录表 2

焊工项目考试施焊及监考记录表	施焊及监考记录表编号:JK(NS) - 13 - ××× 考试计划编号:××× - JH - 13 - 10

参考焊工单位	
项目代号	HYB P GW Ⅲ t30 PF ss mb

焊工姓名	李××	工位编号	××× - H - ××
考试用焊接 工艺规程编号	GC - 12 - 121	焊工项目 考试编号	121 - A×××

表 6 – 14（续）

项目				预热六点测温						层间温度三点测温			日期	时间
				A	B	C	D	E	F	1	2	3		
I	II	III	IV	℃						℃				
√				24	24	24	24	24	24				2013.05.21	8:30
√				120	120	230	124	124	124				2013.05.21	9:00
√				220	220	230	220	225	225				2013.05.21	9:30
	√			152	153	157	152	153	157				2013.05.21	12:15
	√			160	159	157	152	155	157				2013.05.21	12:45
	√			155	155	158	159	158	160				2013.05.21	12:15
		√		251	256	260	254	257	254				2013.05.21	16:15
		√		270	279	287	282	285	260				2013.05.21	16:45
		√		335	335	358	359	350	330				2013.05.21	17:15
		√		357	358	358	358	359	335				2013.05.21	17:45
			√	356	359	358	359	350	330				2013.05.21	18:15

注：①I 为预热开始，II 为焊接，III 为后热开始，IV 为后热结束。
　　②根据操作内容分别在项目一栏中的 I、II、III、IV 子栏中做好标记，并在后面的栏目内记录相应的规范或时间。
　　③在焊前预热 30 min。沿焊缝长度方向六个测温点 A、B、C、D、E、F 进行测温。
　　④每层焊缝焊接前，沿焊缝长度方向检查层间温度，对三个测温点 1,2,3 进行测温。

参考焊工（签字）：李×× 　　　　　　　　　　　　　　监考人（签字）：监考一号

试件的根部焊道和表面焊道上至少应该有一次收弧和再起弧，并在检查长度上做出标记，以供检查。

（三）后热及焊后消除应力热处理

1. 焊后后热

消氢处理及焊后消除应力热处理是焊接低合金高强钢防止焊接冷裂纹的重要措施。根据规程 GC – 12 – 121 得知，后热温度为 250 ~ 400 ℃，最短后热时间 2 h。

在焊接中断且温度降至低于最低预热温度之前，须进行以上的后热处理。

2. 焊后消除应力热处理

消除应力热处理的参数见表 6 – 12 的焊接工艺规程。

五、焊后检查

（一）试件的检验项目、检查数量和试样数量

焊工、焊接操作工操作技能考试试件的检验项目、检查数量和试样数量见表 6 – 15。

表 6 – 15　试件检验项目、检查数量和试样数量

试件形式	试件厚度/mm	检验项目				
		外观检验/件	射线检验/件	冷弯试验/个		
				面弯	背弯	侧弯
坡口焊缝试件板对接	≥12	1	1	–	–	2

注:①表中外观检验试件数量即考试试件数量。

②当试件厚度≥10 mm 时,可以用 2 个侧弯试样代替面弯和背弯试样。

(二)外观检查

(1)HAF603 不允许缺陷:焊缝表面应保持原始状态,不得有任何修磨及补焊。焊缝表面不应有裂纹、未熔合、夹渣、气孔、焊瘤、未焊透等缺陷。

(2)如表 6 – 16 所示,试件按 HAF603 附件 3 中的有关条款作外观尺寸检验。

表 6 – 16　焊缝外观检查表

余高/mm	余高差/mm	比坡口每侧增宽/mm	宽度差/mm	焊缝边缘直线度/mm	变形角度 θ/(°)	错边量/mm
0 ~ 4.0	≤3	0.5 ~ 2.5	≤3	≤2	≤3	≤2

(3)咬边检查:如表 6 – 17 所示,咬边深度≤0.5 mm,累计咬边总长度≤26 mm。

表 6 – 17　手工焊焊缝表面咬边

缺陷名称	允许的最大尺寸
咬边	深度≤0.5 mm;焊缝两侧咬边总长度不得超过焊缝长度的 10%

4. 焊缝边缘直线度≤2 mm。

5. 民用核安全设备焊工项目考试外观检验报告。

HAF603 – HYB003 项目考试外观检验报告见表 6 – 18。

表 6 – 18　项目考试外观检验报告

报告编号:WG(NS) – 11 – 焊考 – ×××

实施计划编号	××× – 11 – ×× – ××	焊工项目考试编号(试件编号)	121 – 考号
焊工姓名	李××	依据标准	HAF603 – 2008
焊接方法	HYB	母材牌号和规格	13MnNiMo54 300 mm × 125 mm × 30 mm
试件形式	板对板	焊接位置	PF

表 6 – 18（续）

原始状态	原始	
焊缝余高	裂纹	咬边
2.5 ~ 3.5 mm	无	$h \leqslant 0.5$ mm; $L = 12$ mm
焊缝余高差	未熔合	背面凹坑
1.0 mm	无	无
比坡口每侧增宽	夹渣	变形角度
1.5 ~ 2.0 mm 2.0 ~ 2.4 mm	无	1°
宽度差	气孔	错边量
1 mm(32 ~ 31 mm)	无	0.5 mm
焊缝边缘直线度	焊瘤	角焊缝凹凸度
0.5 mm	无	—
背面焊缝余高	未焊透	焊脚尺寸
—	无	
堆焊焊道高度差	堆焊凹下量	通球检验
—		
堆焊焊道平面度		
—		
外观检验结果(合格、不合格)	合格	检验日期	×××.××.××
检验人员	吴××	证书号	××××
复审人员	罗×	证书号	××××

（三）射线探伤

试件的无损检验应符合核安全设备Ⅰ级焊缝的检验要求的规定；试件按 HAF603 附件 2 中的表 1 和 2.3 条款做射线探伤。

（四）冷弯检验

（1）试样按 HAF603 附件 2 中的表 1 做 2 个侧弯试验。

（2）符合 HAF603 侧弯二个，弯曲角度 180°。

（3）试件取样及试样标识：试样加工应符合《民用核安全设备焊工焊接操作工资格管理规定》（HAF603）2008 年版。

六、结束语

HAF603 – HYB003 技能培训项目是民用核安全设备焊工培训、考试和取证基本项目之一，故学习和掌握该项目的操作技术非常重要，对于保证核电设备的焊接质量至关重要。通过长期的培训实践证明，本书所介绍的操作技术不仅方便焊工学习和掌握，焊接质量好，合格率高，而且缩短了培训周期，是一种行之有效地焊接技能操作技术。

HAF603 – HYB003 项目的焊接适用范围,见表 6 – 19。

表 6 – 19　HAF603 – HYB003 项目的焊接适用范围

聘用单位名称			项目代号编号	H – × × × – × ×
焊工项目考试 合格项目代号		HYB P GW Ⅲ t30 PF ss mb		
变量	代号	含义	适用范围	
焊接方法	HYB	药芯焊丝电弧焊	药芯焊丝电弧焊	
试件形式	P	板 – 板接头	P 接头	
			管外径:$D \geqslant 500$ mm 的 T 接头	
焊缝形式	GW	P 接头的对接焊缝	GW 焊缝	
			FW 焊缝	
母材类别	Ⅲ	弥散强化钢	Ⅰ、Ⅱ、Ⅲ、Ⅱ/Ⅰ、Ⅲ/Ⅱ、Ⅲ/Ⅰ	
焊缝金属厚度	t30	焊缝金属厚度 30 mm	5 ~ 60 mm	
焊接位置	PF	立向上焊	PA、PB、PF	
焊接要素	Ss mb	单面焊带衬垫	单面焊带衬垫或双面焊	
专用焊工项目考试工艺评定编号			—	
Y 类专项考试焊机型号			—	
Z 类专项考试举例名称			—	

参 考 文 献

[1] 中国机械工程学会焊接分会.焊接手册:第1、2卷[M].2版.北京:机械工业出版社,2001.

[2] 王绍国,张宇光.焊工取证上岗培训教材[M].北京:机械工业出版社,1993.

[3] 王林,张宇光,王绍国,等.国际焊工培训[M].黑龙江:黑龙江人民出版社,2002.

[4] 杨松,樊险峰,赵玉虹,等.锅炉压力容器焊接技术培训教材[M].北京:机械工业出版社,2005.

[5] 吕晓春,方乃文,李春范,等.2018版焊工国家职业技能标准[S].北京:中国劳动社会保障出版社,2019.

智创未来　聚力同行

交换台激光切割机

单台面激光切割机

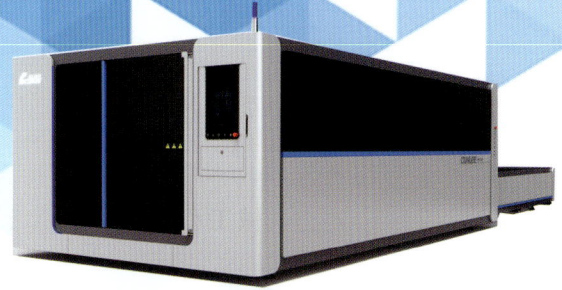

管材激光切割机

管板一体激光切割机

　　河北创力机电科技有限公司成立于2011年1月，注册资本5000万元，位于邢台市经济开发区。企业以《中国制造2025》国家战略为发展契机，以研发、推广智能制造技术与装备为己任，助力制造业转型升级。公司的主要产品和业务范围为：数控激光切割装备、智能化钢结构生产线、工业机器人系统集成及各类非标智能化成套装备的研发、制造和销售，可为客户提供整套自动化解决方案。公司建筑面积36000平方米，拥有各类生产加工及检测设备130台套，目前在职员工120余人，85%以上的员工为大专以上学历，其中研发型技术人才36名。创力公司是一个年轻而充满活力的科技型企业，自成立以来坚持以技术创新驱动企业发展，整合优势资源协同发展，联合河北机电职业技术学院在学院科研楼成立了"智能制造装备联合研发中心"、联合清华大学河北发展院光电所在清华大学固安中试孵化基地成立了"光电技术与装备联合研发中心"、与天津大学、上海交通大学建立了长期稳定的合作关系，与中国航空工业集团天地激光签署军民融合发展战略合作协议。通过共享优势资源，极大提升了创力公司技术研发和创新能力。公司现有发明及实用新型专利35项，计算机软件著作权保护登记3项。

　　创力公司先后被认定为"国家级科技型中小企业"、"河北省高新技术企业"、"河北省创新驱动发展示范企业"、"河北省专、精、特、新企业"、"河北省工业企业B级技术中心"、"河北省专家企业工作站"、"2016中国企业信息化建设杰出人物单位"等。产品全面通过了"CCC"认证，质量管理通过了ISO9001国际质量体系认证，2018年度获得"邢台市政府质量奖"殊荣。

地址：河北省邢台市经济开发区兴泰大街969号

电话：0319-3977333　　网址：www.canlee.cn

全国免费热线：4000-888-086

河北创力机电科技有限公司
Hebei Chuangli Electrical Techology Co.,Ltd.